JN233979

単位が取れる 力学ノート

橋元淳一郎
Junichiro Hashimoto

講談社サイエンティフィク

まえがき

　高校で学ぶ物理と大学で学ぶ物理の間には，大きなギャップがあると，多くの学生諸君は感じているのではないだろうか。しかし，物理を教える立場からいえば，大学初年級の物理，とくに力学については，高校物理とほとんど変わるところがないのである。

　では，なぜ大学の力学は難しく「見える」のかというと，その最大の原因は，「わざと」難しく教えるからなのである。多くのテキストは，直感的に明らかで証明不要なことまでをも，数学的厳密性に則って証明する。それはそれで意味のないことではないのだが，ほとんどの学生諸君は，その数式の羅列をもって，これが大学の物理だと思い込んでしまうのである。

　高校の物理であろうが，大学の物理であろうが，およそ物理を学ぶ上でもっとも大事なことは，物理現象をイメージとして描くということである。

　そこで，学生諸君へのアドバイスである。

　物理のテキストを読むときには，何よりもイメージを優先させるべきである。数式が並んでいるとき，それは物理的に何を説明しようとしているのか，それをつねに考えることである。数式の羅列を追って，イコールで結ばれた左辺と右辺が等しいことを数学的に納得しても，じつは物理を理解したことにはなっていないのである。だから，読んではみたが，けっきょく何も理解していないということになる。

　逆に，数式の羅列についていけなくても，それでもなお物理の理解は可能である（もちろん100パーセントとはいきません）。そのテキストによる証明方法ではなく，自分流であっても，そこに書かれていることの物理的イメージが明瞭になれば，それで大抵はOKなのである。

　そこで，もう1つのアドバイス。

大学初年級の力学など，なめてかかかりなさい！
　少なくとも，受験科目に物理を選んだ諸君であるなら，大学の力学の物理的イメージは，すでに習得済みである。

　本書は，上のような考えのもとに，授業が難しくて，単位が取れるだろうかと心配している学生諸君のために，独習用として，大学と高校の授業の橋渡しを狙って書いたものである。

　なお，それでも高校で物理を勉強しなかった諸君は，本書で何もかもが分かるとはいかないであろう。そういう人は，本書を読む前に，拙著『物理・橋元流解法の大原則1』(学習研究社)にざっと目を通して頂きたい（問題を解く必要はない）。力学のイメージが分かるであろう。

　本書を読んで物理というものに興味を覚えた諸君は，さらにレベルの高いテキストに挑戦してみてほしい。本書の読者から，もっともっと物理を学んでみたいという人たちがどんどん出てくれれば，望外の喜びである。

　最後に，本書の企画から編集まで終始お世話になった講談社サイエンティフィクの三浦基広氏に心より感謝の意を表します。

2002年4月

神戸・御影にて
橋元淳一郎

目次

単位が取れる力学ノート
CONTENTS

			PAGE
講義	01	位置, 速度, 加速度	6
講義	02	運動の法則	18
講義	03	放物運動	28
講義	04	力積と運動量	38
講義	05	仕事とエネルギー	50
講義	06	円運動	64
講義	07	単振動（調和振動）	72
講義	08	減衰振動と強制振動	84
講義	09	万有引力	94

			PAGE
講義	**10**	角運動量保存則	108
講義	**11**	慣性力	118
講義	**12**	遠心力とコリオリ力	126
講義	**13**	質点系の力学	142
講義	**14**	剛体の力学	158
講義	**15**	剛体運動の具体例	168
	付録	やさしい数学の手引き	180

ブックデザイン──安田あたる

講義 LECTURE 01 位置，速度，加速度

　力学の目的を一言でいうなら，**物体にどんな力が働けば，どんな運動をするかを予測する**ということに尽きる。たとえば，「ハレー彗星は，太陽からの万有引力を受けて，これこれしかじかの楕円運動をする。よって，○年○月○日○時○分○秒に，地球にもっとも近づく」といったようなことである。この前段の「どんな力が働けば」の部分は，講義2以降のテーマとして，とりあえず後段の「どんな運動をするか」の部分を検討してみよう。

　物体(話を分かりやすくするため，しばらくは，物体を大きさのない質点に限定しておく)がどんな運動をするかということは，上のハレー彗星の例でも分かるように，

物体がいつ，どこにあるか

ということに他ならない。「いつ，どこにあるか」が分かれば，物体の運動は完璧に把握できるのである。

　たとえば，時刻(いつ)を t とし，x 軸上を次のように運動する物体を考えてみる (x が(どこ)を示す)。

例1　$x = t^2 + 2t + 3$

図 1-1

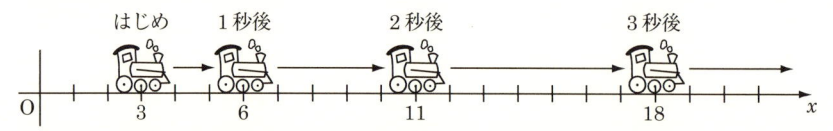

　この方程式は，図 1-1 からも分かるように，最初 $x=3$ の地点にあった物体が，x の正方向にぐんぐん加速していく様子を表している(高校物理でおなじみの等加速度運動である)。

次に,

例2　$x = A \sin \omega t$

は，図1-2のように，原点を中心として振幅Aで振動する単振動を表す。

図1-2

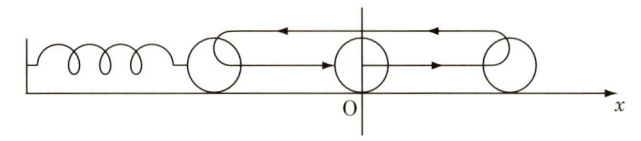

例1，例2は，ともに物体がx軸上だけを動くケースだが，物体は3次元の空間の中にあるのだから，一般には「どこに」の位置は，x, y, zの3つの座標で決まるベクトルである(図1-3)。

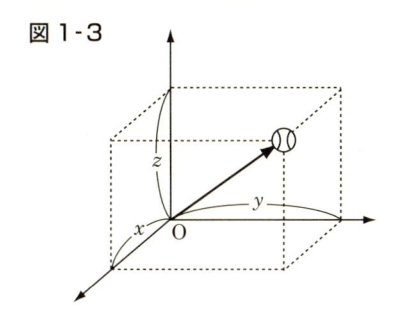

図1-3

高校の物理では，ベクトルはせいぜい2次元の平面的な表現だったが，大学の物理では3次元の空間表現がしょっちゅう出てくるので，ぜひ慣れ親しんでおこう。たとえば，2次元平面と同じように，3次元空間でも三平方の定理が成立することも知っておこう(図1-4)。

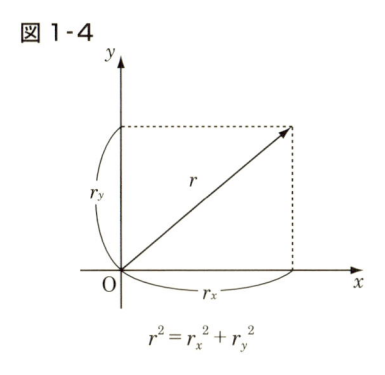

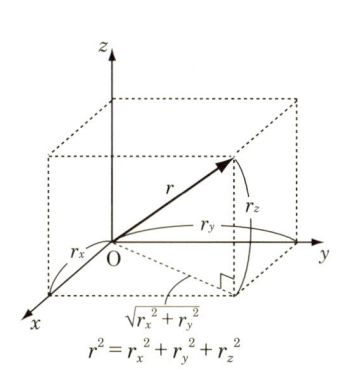

図1-4

$$r^2 = r_x^2 + r_y^2$$

$$r^2 = r_x^2 + r_y^2 + r_z^2$$

講義01 ●位置, 速度, 加速度

さらに，大学の物理では，ベクトルを太字で表し，具体的な計算のためではなく，一般的な状況を表す意味で，式を書くことが多い。たとえば，「物体がいつ，どこにあるか」という一般表現は，

$$\boldsymbol{r} = f_x(t) \cdot \boldsymbol{i} + f_y(t) \cdot \boldsymbol{j} + f_z(t) \cdot \boldsymbol{k} \quad \cdots\cdots ①$$

($\boldsymbol{i}, \boldsymbol{j}, \boldsymbol{k}$ は，それぞれ x, y, z 方向の単位ベクトル)

などと書く。こういう式を見て，ムズカシイと思わないことだ。そうではなく，イメージを描くのである。まず乱暴を承知でいえば，$\boldsymbol{i}, \boldsymbol{j}, \boldsymbol{k}$ などはどうでもよろしい。左辺の $\boldsymbol{r}$ がベクトルだから，右辺もベクトルにしなければいけない。そのつじつま合わせのために，$\boldsymbol{i}, \boldsymbol{j}, \boldsymbol{k}$ を導入するだけのことである (具体的な計算をどうするかは，あとの例で述べる)。$f(t)$ は時間 t の関数という意味だから，たとえば例 1 や例 2 のような式と同じである。ただ，3 次元の空間なので，x, y, z 方向それぞれの運動があり，それを f_x, f_y, f_z としているのである。つまり，この式は，時間が刻々とすぎていくと，物体 (質点) が (3 次元の) 空間をぐんぐんと進んでいく (あるいは，往ったり来たり) という意味であり，図 1-5 のような様子をイメージすればよいのである。

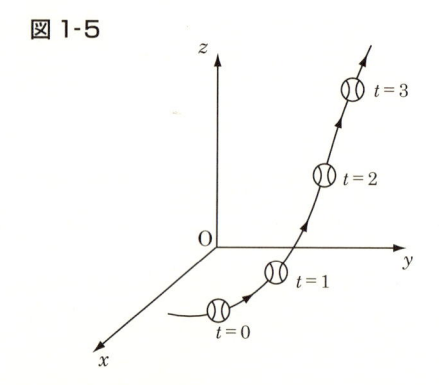

図 1-5

●デカルト座標と球座標

具体的な計算をするときには，①式のようなベクトル表現では計算のしようがないので，x, y, z の座標別に書き下すことは，高校物理と同じである。たとえば，高校物理で放物運動の位置の公式を，

$$x = v_{0x} t + x_0$$

$$y = -\frac{1}{2} g t^2 + v_{0y} t + y_0$$

と書いたように，3次元空間を動く物体は(たとえば)，
$$x = t^2 + 2t + 3$$
$$y = 3t + 5$$
$$z = -2t + 1$$
のように書けるわけである(x, y, zがそれぞれ，①式の$f_x(t), f_y(t), f_z(t)$に対応している)。これは，ベクトルrをx方向，y方向，z方向に分解して，それぞれの運動を別々に考えるということである(ちょうど放物運動の場合，地面を走るボールの影は等速度運動，壁に映るボールの影は等加速度運動に見えるというのと同じように)。

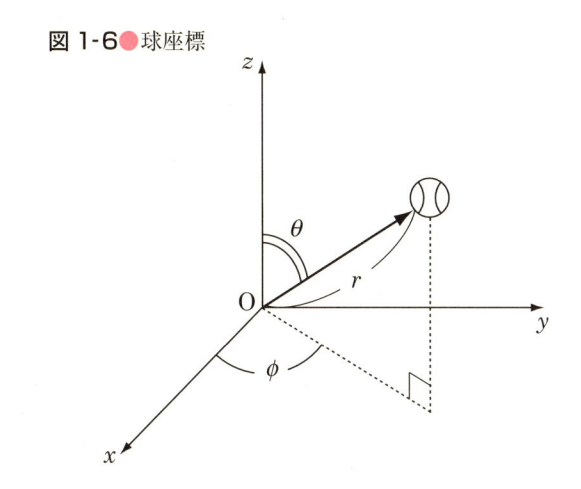

図 1-6 ● 球座標

しかし，物体の位置rを具体的に示す方法は，x, y, z座標(これを**デカルト座標**という)だけとは限らない。たとえば，図1-6のようにベクトルrの長さと，x軸からの角度ϕ, z軸からの角度θで表す方法もある。このような座標のとり方を，**極座標**あるいは**球座標**と呼ぶ。なぜデカルト座標以外に，このような座標のとり方をするのか。その理由は，次の演習問題1-1を考えてみれば分かるだろう。

演習問題 1-1 図のように,時刻 $t=0$ で x 軸上の $x=A$ にあった質点が,その後,原点 O を中心にして,z 軸の + 方向から見て反時計回りに一定の角速度の大きさ ω で x-y 平面上を等速円運動したとき,時刻 t における質点の位置を,デカルト座標 (x, y, z) と球座標 (r, ϕ, θ) を用いて表せ。

図 1-7

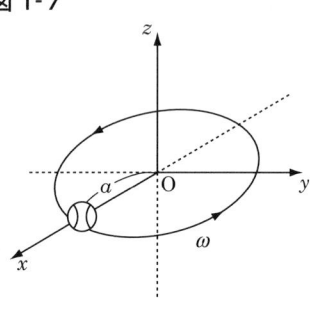

解答 & 解説 時間に関係なく $z=0$ は明らかだから,x-y 平面だけを図 1-8 のように描き直してみる。角速度 ω とは,毎秒 (単位時間ごと) の回転角が ω ということだから,時刻 t における (質点のベクトルが) x 軸となす角は ωt である。よって,図 1-8 より,質点の位置 (質点が,いつ,どこにあるか) をデカルト座標で表せば,

図 1-8

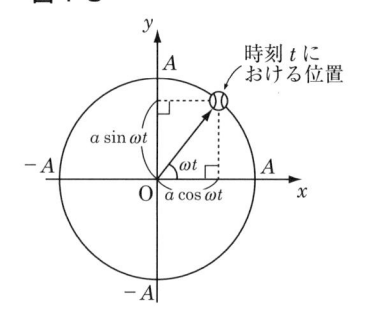

$$x = A \cos \omega t$$
$$y = A \sin \omega t$$
$$z = 0$$

これを球座標で表現すると,時間に関係なく $\theta = 90°$ は明らか。

x-y 平面だけを図 1-9 のように描き直してみる。円運動の半径 A は一定であるが,これは球座標の r である。また時刻 t における (質点のベクトルが)x 軸となす角は ωt であるが,これは球座標の ϕ である。そこで,質点の位置 (質点が,いつ,どこにあるか) を球座標で表せば,

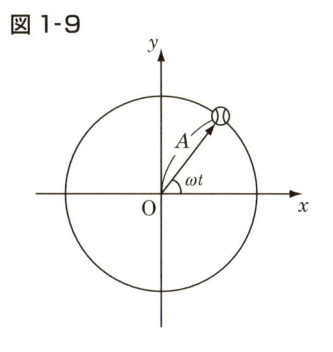

図 1-9

$$r = A$$
$$\phi = \omega t$$
$$\theta = 90°$$

となり,三角関数を使わなくてすむ分,明らかにデカルト座標の表現より簡潔である。つまり,球座標は円運動するような物体の運動を表現するときには,まことに便利なのである。◆

●速度と加速度

　最初に述べたように,物体が「いつ,どこにあるか」が分かれば,それで物体の運動は完璧に把握できる。しかし,完璧に把握できるということと,直感的に分かりやすいということは別である。たとえば,いま,横断歩道の端に立っているとして,向こうからやってくる車が「いつ,どこにあるか」を把握しておけば,安全に道路を横断できるかどうかは分かるハズである。しかし,現実には我々はそんなふうに車の運動を捉えてはいない。(もちろん,いま,この瞬間,車がどこ(遠くそれとも近く?)にいるかは必要だが),車の刻々の位置ではなく,もっと直感的にその車は速いか,遅いかを判断している。つまりスピード(速度)が分かればなお便利ということである。それだけではない。ある瞬間の車の速度が時速 30 キロメートルであったとしても,それからぐんぐんと加速すれば危険だし,逆にブレーキを踏んで減速すれば比較的安全だということになる。つまり,我々は日常生活で車の速度や加速度というものもつねに意識しているわけである。

速度は位置の時間的変化(距離／時間)で，瞬間の速度は，位置を時間で微分すればよい(微分については，付録参照)．

$$v = \frac{\mathrm{d}r}{\mathrm{d}t}$$

　付録にあるように，この式を難しく考える必要は何もない．微分は数学的には極限操作を意味するが，現実の世界では極限などというものはないのだから，$\mathrm{d}r$ は短い距離，$\mathrm{d}t$ は短い時間とみなしてよいのであって，v はけっきょく，小学校の算数と同じで，距離÷時間なのである．

　ただこのようにしておくと便利な点は，例1や例2のように，物体の位置 r(例の場合は x) が時間 t の関数で書かれていれば，「いつ，どこに」の式から機械的な操作で，速度と加速度を求めることができるということである．じっさいにやってみよう．

例1

$$位置 : x = t^2 + 2t + 3$$

$$速度 : v = \frac{\mathrm{d}x}{\mathrm{d}t} = 2t + 2$$

これは最初の速度が2で，そのあと，毎秒速度が2ずつ増えることを意味する．

　上で求めた速度の式を，もう1度微分する．

$$加速度 : a = \frac{\mathrm{d}v}{\mathrm{d}t} = 2$$

　速度の増加は毎秒2ずつという一定値なので，これを**等加速度運動**という．

例2

$$位置 : x = A \sin \omega t$$

$$速度 : v = \frac{\mathrm{d}x}{\mathrm{d}t} = A\omega \cos \omega t$$

$$加速度 : a = \frac{\mathrm{d}v}{\mathrm{d}t} = -A\omega^2 \sin \omega t$$

三角関数の微分を知っていると，物体の運動をイメージするのにとても便利である。ここでは詳しい説明は省くが，上の単振動の式をじっくりと睨み，位置→速度→加速度が，sin → cos → − sin となっていることから，物体の運動をありありとイメージできるようにしてほしい（講義7で，あらためて詳しく見る）。つまり，速度は cos 型であることから，振動の中心で速度は最大，両端の折り返し点では速度0，また，加速度は − sin 型であることから，振動の中心で加速度は0，両端の折り返し点で中心方向に向かって加速度最大であることがイメージできればよい（図 1-10）。

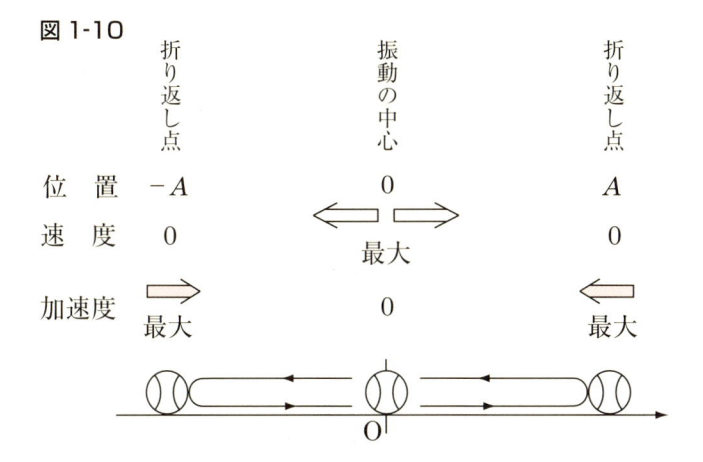

図 1-10

	折り返し点	振動の中心	折り返し点
位　置	$-A$	0	A
速　度	0	最大	0
加速度	最大	0	最大

> **演習問題 1-2**
>
> 演習問題 1-1 で見た, x-y 平面上を一定の角速度の大きさ ω で等速円運動する物体の速度, および加速度の大きさと向きを求めよ。
>
> 図 1-11
>
> $$x = A \cos \omega t$$
> $$y = A \sin \omega t$$

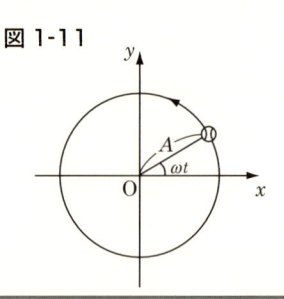

解答 & 解説 デカルト座標の便利な点は, 高校物理でもやってきたように, 物体の運動を x 方向, y 方向, (z 方向), 別々に考えてよいというところである (球座標の場合は, そうはいかない)。つまり, 位置 x と位置 y の式をそれぞれ時間で微分すれば,

$$v_x = \frac{dx}{dt} = -A\omega \sin \omega t$$
$$v_y = \frac{dy}{dt} = A\omega \cos \omega t$$

円運動の場合, 速度の向きは円の接線方向であることは明らかだから, それを考慮に入れて, 速度の図を描くと, 図 1-12 のようになるだろう。そして, この速度ベクトルの長さ (要するに速さ) は, 三平方の定理を用いて,

図 1-12 ● $v = \sqrt{v_x^2 + v_y^2}$

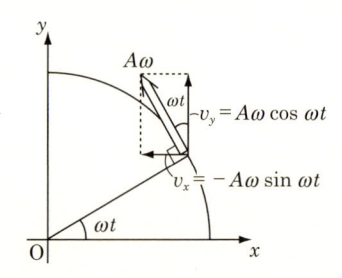

$$v = \sqrt{v_x^2 + v_y^2} = \sqrt{A^2 \omega^2 (\sin^2 \omega t + \cos^2 \omega t)}$$
$$= A\omega$$

さて, 加速度は, 速度を時間 t で微分すればよいわけだから,

$$a_x = \frac{dv_x}{dt} = -A\omega^2 \cos \omega t$$
$$a_y = \frac{dv_y}{dt} = -A\omega^2 \sin \omega t$$

よって加速度の大きさは三平方の定理からすぐ求まって，

$$|a| = \sqrt{a_x^2 + a_y^2} = A\omega^2\sqrt{\cos^2\omega t + \sin^2\omega t} = A\omega^2$$

さて，加速度の向きはどちらだろう？ じつは，加速度の2つの式をよく眺めてみると，次のようになることが分かる。

$$a_x = -\omega^2 \cdot A\cos\omega t = -\omega^2 \cdot x$$
$$a_y = -\omega^2 \cdot A\sin\omega t = -\omega^2 \cdot y$$

つまり，ω^2 倍の部分を除き，加速度の成分は位置の成分の符号を逆にしたものだということである。そこで，それを図に描けば図1-13のようになるはずである。

図 1-13●加速度のベクトルは位置ベクトルと逆向き

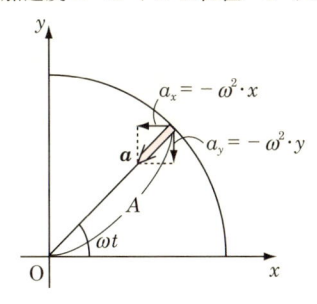

つまり，等速円運動の加速度の向きは，位置ベクトルと逆向き，すなわち円の中心方向である。◆

加速度が円の中心方向とは一体どういうことなのか，という疑問もあるだろう。これについては，講義2で学ぶ運動方程式から，加速度の向きはその物体に働く力の向きであることが導かれる。つまり，等速円運動する物体には(その原因は何であれ)必ず，円の中心方向に向かう力が働いているということである。すなわち円運動の向心力である。

円運動の速度や加速度は，微分を用いずに求めることもできる。じっさい，高校の物理ではそうやって求めているのである。しかし，その説明は少々テクニックを要し，上の微分を使った方法のようにスッキリとはいかないのである。これもまた微分という道具の効用ということだ。

●接線加速度と法線加速度

最後に，演習問題1-2の結果を用いて，物体が曲線を描いて運動しているときの加速度を求める方法を覚えておこう。

> **実習問題 1-1**
>
> 質点が図のように曲線を描きながら運動している。ある瞬間，この質点の速さがvで，描く軌跡の曲率半径がRであるとき，この瞬間の質点の接線加速度と法線加速度の大きさを求めよ。
>
> 図1-14

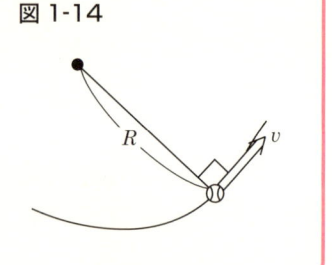

解答 & 解説 接線加速度と法線加速度の意味は明らかであろう。質点が描く軌跡の接線方向の加速度が接線加速度であり，その接線に垂直な方向の加速度が法線加速度である（図1-15）。

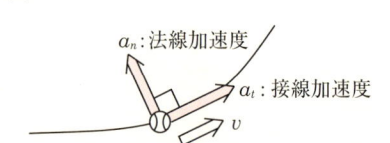

図1-15

a_n：法線加速度
a_t：接線加速度

加速度をこのような2つの方向に分解する利点は，運動の変化を明確に分けられることである。接線加速度が質点の速さの変化を表すのに対し，法線加速度は質点の向きの変化を表す。かりに法線加速度が0であれば，質点は向きを変えずに直線運動をつづける（たとえば直線上の等加速度運動）。一方，法線加速度はあり，接線加速度だけが0なら，質点は速さを変えず向きだけ変える。その例は，演習問題1-2で調べた**等速円運動**である（図1-16）。

図1-16 ●等速円運動では接線加速度は0

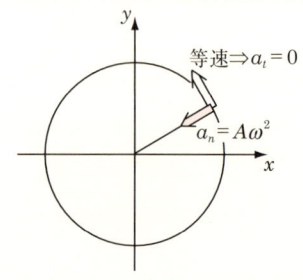

等速 $\Rightarrow a_t = 0$
$a_n = A\omega^2$

よってその意味するところから，接線加速度の大きさを a_t とすると，

$$a_t = \boxed{\text{(a)}} \quad \cdots\cdots(\text{答})$$

であることは明らかである。

法線加速度の大きさは，円運動については，演習問題 1-2 によって求まっている。すなわち，円の半径を r とし，法線加速度の大きさを a_n とすれば，

$$a_n = r\omega^2$$

ここで，$v = r\omega$ を用いて，ω を消去し，a_n を r と v で表せば，

$$a_n = \boxed{\text{(b)}}$$

となる。これは，高校物理の円運動にも登場する式である。

ところで，物体の曲線運動は，円運動とは限らないが，軌跡の短い部分を見れば，近似的に円とみなすことは可能である (図 1-17)。

図 1-17● 曲率半径

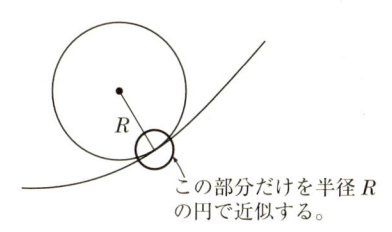

この部分だけを半径 R の円で近似する。

曲線上のある点における曲率半径とは，このようにその部分を 1 つの円で近似したときのその円の半径のことである。たとえば，曲線上のある点の曲率半径を R とすれば，質点はその点上にあるとき，半径 R の円運動をしているとみなすことができるわけである。よって，このときの法線加速度の大きさは，

$$a_n = \boxed{\text{(c)}} \quad \cdots\cdots(\text{答})$$

と書くことができる。◆

(a) $\dfrac{dv}{dt}$　(b) $\dfrac{v^2}{r}$　(c) $\dfrac{v^2}{R}$

講義 LECTURE 02 運動の法則

　講義1で，力学の目的を「物体にどんな力が働けば，どんな運動をするか」を予測すること——と述べた。この力学の目的は，じつは，運動方程式という1つの単純な式で言い尽くされる。ニュートンの偉大だったところは，複雑に見える物体の運動（たとえば「ケプラーの法則」（講義9）は何と複雑なことか）を，きわめて単純な方程式に還元してしまった点にある。ニュートンが力学の土台とした運動の法則は，正しくは次の3つである。

運動の法則

❶慣性の法則
❷運動方程式
❸作用・反作用の法則

　ふつうの教科書では，この法則をはじめから順番に説明していくのだが，ここでは❷の**運動方程式**をまずとりあげよう。なぜなら，❷**運動方程式**こそが，**物体にどんな力が働けば，どんな運動をするか**を決める決定的に重要な式だからである。

　質量 m の物体（質点）が力 F を受けて，加速度 a の運動をしているとき，

$$m\boldsymbol{a} = \boldsymbol{F}$$

　これが運動方程式のすべてである。何とシンプルな式か。

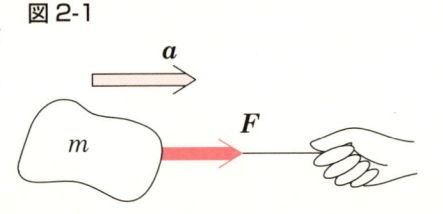

図2-1

じつは，ニュートンが示した第 2 法則は，もう少し違った表現方法になっている。それについては，講義 4 で考察する。

しかし，シンプルだから覚えやすい，という捉え方はいただけない。覚える，覚えないではなく，この式が何を意味しているかをイメージすることこそ重要である。この式を見れば，次の 3 つのことがイメージできる。

●運動方程式のイメージ

（1）a と F はベクトルであり，イコールで結ばれているということは，a と F の向きは同じということである。つまり，物体は，力を受けた方向に加速するということである。

静止している物体を引っ張ると，物体はその方向に動きだす (つまり，その方向に加速する)。我々は経験上，このことをよく知っている。つまり，この点に関するかぎり，$ma = F$ は大発見というよりは，あたりまえのことをいっているにすぎない。

しかし，すでに動いている物体に力を加えたときは，ちょっと注意が必要である。水平な床の上を物体がまっすぐに滑っている場面を想像してみよう。

図 2-2 ● 力は速度の向きではなく加速度の向きと一致する。

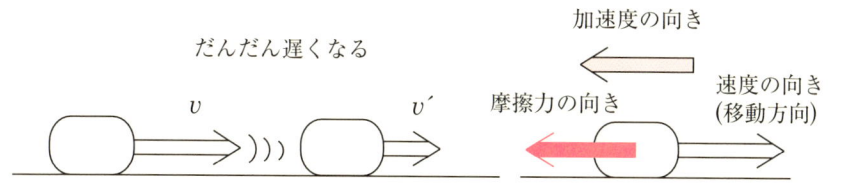

物体は床との摩擦によって，だんだん遅くなる。だんだん遅くなるとは，減速するということである。減速は加速の反対だから，「マイナスの加速度」といってもよい。つまり，図で右方向を正方向としておくと，この物体の加速度はマイナス，すなわち左向きということになる。床からの摩擦力は，物体が動くのを阻止する力だから，物体が動く方向とは逆向きで，左向き (負方向) である。つまり，この場合も，力と加速度

の向きは一致している。しかし，物体の速度 (移動方向) は右向き (正方向) で，力の向きとは一致しない。

　アリストテレスは，物体が動く方向に力が働く，これが自然の本性であると考えた。速度と加速度というものを明確に区別しないと，こういうふうに錯覚してしまう。ニュートンが偉大だったのは，力は速度そのものとは無関係であるということをはっきりさせたことである。**力は，速度そのものではなく，速度の変化** (すなわち加速度) **と一致する**というのが，運動方程式のいおうとしていることなのである。

　(2)　加速度 a と力 F は，向きだけでなく，単位質量で考えたときはその大きさも一致する (つまり比例する)。じっさい，運動方程式 $ma = F$ において，$m = 1$ キログラムの物体を考えれば，

$$a = F$$

である。力の大きさが 2 倍になれば，加速度の大きさも 2 倍になる——ということを，運動方程式は主張している。

　(3)　最後に，質量 m の役割を考えよう。たとえば，いろいろな物体に，1 ニュートンという一定の力を加えてみる。すると，運動方程式は，

$$a = \frac{1}{m}$$

となる (式を簡略にするため，ベクトルではなくスカラー表記にしてある。もしベクトル表記にするなら，右辺には大きさ 1 の単位ベクトルをつけておかなければならない。しかし，そんなことは本論とは関わりのない枝葉末節である)。m が大きければ a は小さくなるから，これは，**重いモノは加速しにくく，軽いモノは加速しやすい**——という日常経験に合致する。

図 2-3 ● 質量が大きければ加速しにくく，質量が小さければ加速しやすい。

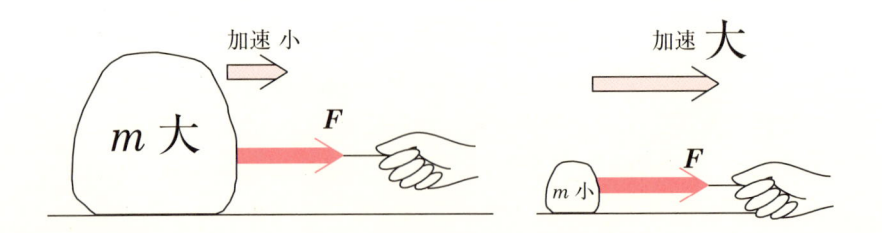

ただし厳密には，重い・軽いではなく，質量が大きい・小さいとしなくてはいけない。重い・軽いというのは，地球の上で秤に載せたときの重さであって，それは地球の重力によるものである。しかし，運動方程式は地球の重力とは無関係に成立する。たとえば無重力状態の宇宙船の中では，モノには重さがなくなり，重い鉄の塊も空中に浮かぶが，それでもそれに力を加えたときの加速度は，運動方程式にしたがう。

つまり，運動方程式は，重力とは関係なしにモノの質量を規定するのである（力と加速度が測定可能なら，そこから質量を決めることができる）。ついでにいっておけば，このようにして決められるモノの質量を，**慣性質量**と呼ぶ。

● 運動方程式を解く

以上で，運動方程式 $ma=F$ が何を意味するかは理解できたはずである。次に，じっさいにこの方程式をどう使うのか（どう解くのか）ということを考えてみよう。

講義 1 で見たように，速度は位置の時間的変化（位置を時間で微分したもの）であり，加速度は速度の時間的変化（速度を時間で微分したもの）であった。そこで，微分の記号を使って運動方程式を書いてみると，

$$m\frac{\mathrm{d}^2 \boldsymbol{r}}{\mathrm{d}t^2} = \boldsymbol{F}$$

この式をあまり深刻に考えてはいけない。変数 t や微分記号 d の肩についている 2 は，位置 r を時間 t で 2 回微分する――ということを表しているにすぎない。

この式から r を求める（r を t の関数で表す）ことを，運動方程式を解くというのである。数学の言葉でいうと，微分方程式を解くということになる。

では，簡単なケースをやってみよう。

演習問題 2-1

時刻 0 において，x 軸上の点 $(x_0, 0)$ にあり，x の正方向に v_0 の大きさの速度をもつ質量 m の質点がある。この質点に x 軸正方向に一定の大きさ F の力を加えつづけるとき，時刻 t におけるこの質点の位置 x はどのように表せるか。

図 2-4

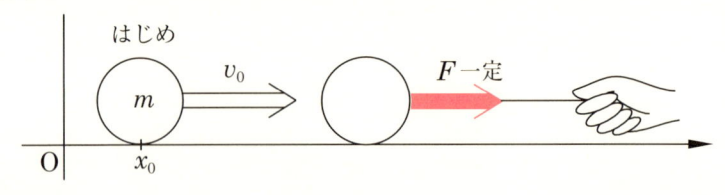

解答 & 解説 まず，この質点の運動方程式を書こう。本来はベクトルで表記すべきであるが，質点の運動が x 軸上に限られていることは明らかだから，x 方向だけの式を書けばよい (もし運動が空間的に x, y, z 方向に及ぶなら，x 成分，y 成分，z 成分の 3 つの方程式を書くことになる)。

$$m \frac{d^2 x}{dt^2} = F$$

$$\therefore \quad \frac{d^2 x}{dt^2} = \frac{F}{m}$$

F/m を a とおいておく (その都度 F/m と書くのは面倒だから)。F は一定だから，もちろん a は一定 (定数) である。

2 階微分を一気に求めることはできないから，1 つずつやろう。この質点の速度を v とすると，運動方程式は，

$$\frac{dv}{dt} = a$$

となる。付録の積分の方法を使って，t で微分したら定数 a になる式は at であるから，

$$v = at$$

と書けそうである (たしかに at を t で微分すると a になる)。ただし，積分の場合にはいつも積分定数というものを考えておかないといけない。

つまり，上の式にどんな定数が足されても，それは微分すれば消えてしまうから，

$$v = at + C_1 \quad (C_1 は任意の定数)$$

が一般的な解のはずである（じっさい，上式を t で微分すると，a になる）。

ところで，この質点の運動には時刻 $t=0$ で速度が v_0 という条件がついているから，それを考慮しておかなくてはいけない。

上の式は速度 v の式だから，$t=0$ を代入したとき $v=v_0$ とならなければならない（こういう制約を**初期条件**という）。じっさいに上式で，$t=0$ のとき $v=v_0$ とすれば，

$$v_0 = C_1$$

よって，$C_1 = v_0$ となるから，v の式は，

$$v = at + v_0$$

となる。

v は位置 x を t で微分したものだから，x を求めるには，同様の積分をもう1度やればよい。t で微分して at となるもとの関数は $\frac{1}{2}at^2$ である。v_0 は定数だから，微分して v_0 となるもとの関数は $v_0 t$ である。ただし，この場合も積分定数が必要だから，これを C_2 とすれば，

$$x = \frac{1}{2}at^2 + v_0 t + C_2$$

ここで同様に初期条件を考慮すると，$t=0$ で $x=x_0$ だから，$C_2 = x_0$ となる。よって，

$$x = \frac{1}{2}at^2 + v_0 t + x_0$$

これは高校物理で最初に出てくる等加速度運動の公式に他ならない。a を問題に与えられた記号に戻しておけば，

$$x = \frac{F}{2m}t^2 + v_0 t + x_0 \quad \cdots\cdots(答) \qquad \blacklozenge$$

●慣性の法則

❶**慣性の法則**を運動方程式から導くことを考えてみよう。

> **演習問題 2-2** 質点に働く力(の合計)が0であるとき，質点はどのような運動をするか。運動方程式から考察せよ。

解答 & 解説 運動方程式を微分方程式として解いてもよいが，それよりも直感的に理解することの方が大事である。

運動方程式 $m\boldsymbol{a}=\boldsymbol{F}$ において，$\boldsymbol{F}=0$ のとき，とうぜん $\boldsymbol{a}=0$ である (数学的には $m=0$ ということもあるが，それは物理的にはモノがないということであり，無意味である)。つまり，力が0のとき加速度が0。加速度0とは，加速しない，減速しない，ということだから，質点の速度は変わらないということである。

図 2-5 ●力が働かなければ加速度は0。

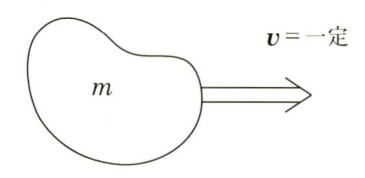

$\boldsymbol{F}=0$ だから $\boldsymbol{a}=0$

$\boldsymbol{v}=$ 一定

すなわち，**質点に働く力が0のとき，その質点は等速直線運動をつづける(静止していれば，静止しつづける)**。◆

どのような速度で運動をつづけるかは，質点が最初にもっている速度で決まるのはとうぜんである。たとえば，最初，静止していれば，静止しつづけるし，時速100キロメートルなら時速100キロメートルで動きつづける。

また，このことは質点でなく大きさのある物体でも成立するが，その物体の回転運動については別の考察が必要である(これについては，講義14で扱う)。

❶**慣性の法則**は，

> 物体に外力が働かないかぎり，その物体は静止しつづけるか，あるいは一直線上の一様な運動をつづける

というものだから，これはまさに演習問題2-2のことである。

なぜ慣性の法則が運動の第1法則になっているかといえば，それはニュートンに先立って，すでにガリレイによって発見されていたことが1つの理由であるが，さらに厳密にいえば，運動方程式は力に関する法則であるのに対して，慣性の法則は，力とは無関係に物体が本来的にもっている性質である。そういう「哲学的」な差異があるからである。

●作用・反作用の法則

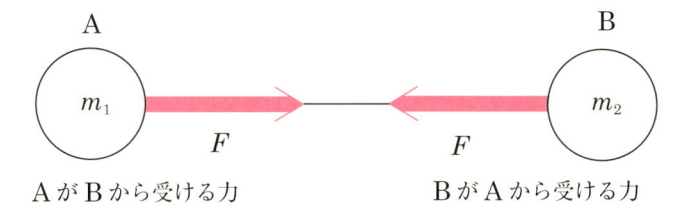

❸作用・反作用の法則は，きわめて重要な法則である（これが成立しなければ，我々の宇宙は支離滅裂なものとなる）が，日常の経験からいえばごくごく常識的な法則である。

モノを叩いたとき，強く叩けば叩くほど，手は痛い。それは，手がモノに力(作用)を加えたとき，手はそのモノから力(反作用)を受けるからである。作用と反作用は，大きさが等しいだけでなく，向きは逆向きであり，かつ一直線上にある(図2-6)。

作用・反作用の法則は，重力などの力学的な力だけではなく，電磁気力など，この世に存在するありとあらゆる力に対して成立する。

図 2-6 ●作用・反作用の法則

```
       A                              B
      ⎛   ⎞                         ⎛   ⎞
      ⎜ m₁⎟ ────▶      ◀────        ⎜ m₂⎟
      ⎝   ⎠      F            F     ⎝   ⎠
     AがBから受ける力              BがAから受ける力
```

作用・反作用の法則は，のちに**運動量保存則**(講義4)としてその威力を発揮してくる。

とりあえずここでは，本当に作用・反作用の法則を理解しているかどうか試してみよう。

> **実習問題 2-1**
>
> 図のように水平な床の上に物体Bが,また物体Bの水平な面の上に物体Aが載っている。このとき物体Aに働く重力(下向き矢印のF_1)と,物体Aが受けている垂直抗力(上向き矢印F_2)は大きさが等しく向きは逆である。その理由を述べよ。
> また,F_1およびF_2のそれぞれの反作用は何か。

図2-7

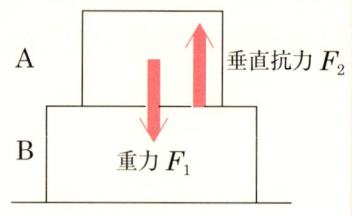

解答&解説 この問題を,F_1とF_2は作用と反作用だから……などとやるようでは,作用・反作用の法則のなんたるかを何も理解していないことになる。Aという1つの物体に働く力が作用・反作用であるわけがない。まず,後半の問いから答えよう。

F_1の重力を正確に表現するなら,「**物体Aが**,(a)   から受ける重力」である。そこで,主語を入れ替えて,F_1の反作用は,

「(a)   が,**物体Aから受ける重力**」 ……(答)

となる。

同じく,垂直抗力F_2を正確に表現するなら,「**物体Aが**,(b)   から受ける垂直抗力」である。そこで,主語を入れ替えて,F_2の反作用は,

「(b)   が,**物体Aから受ける垂直抗力**」 ……(答)

となる。

図2-8

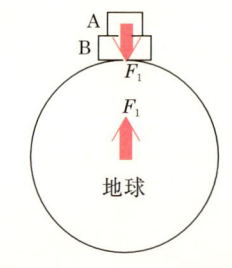

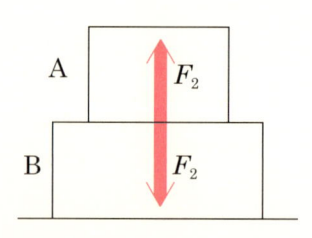

主語を入れ替える,というところがコツである。

(a) 地球　(b) 物体B

さて，F_1 と F_2 は作用・反作用の法則とは関わりのないことが分かったが，それではなぜ大きさが等しく向きが逆なのか。

それは，物体 A が静止し (つづけ) ているからである。物体 A に着目すると，物体 A に働く力は重力と物体 B の面から受ける垂直抗力だけである。そして，物体 A が静止し (つづけ) ているとすれば，物体 A に働く力の合計は 0 でなければならないから (慣性の法則)，F_1 と F_2 は大きさが等しく向きは逆でなければならないのである。

図 2-9 ● A は静止しているから $F_1 = F_2$。

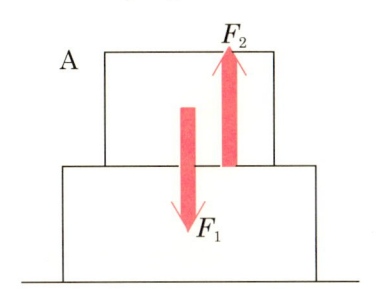

それが証拠に，図 2-10 のように物体 A を加速度運動させてやると，このとき重力と垂直抗力は等しくならない (運動方程式から，加速度があるのだから，力の合計が 0 となるはずはない)。◆

図 2-10 ● A が加速していれば，力はつりあわない。

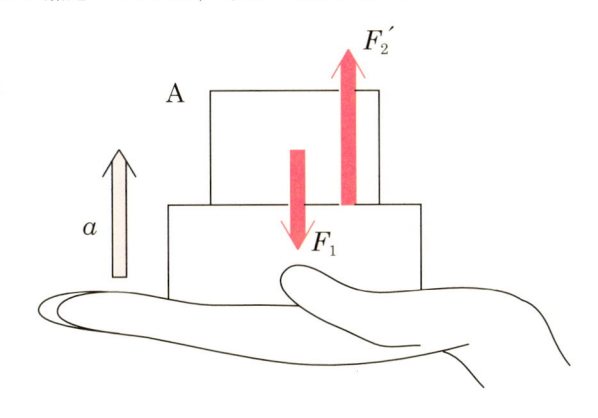

講義02 ● 運動の法則　**27**

講義 LECTURE 03 放物運動

前回の運動方程式 $ma=F$ から,「物体にどんな力が働けば, どんな運動をするか」の簡単な実例を2つ挙げることができる。つまり,

> ❶ $F=0$ なら $a=0$ より, 物体に力が働かない(あるいは働く力の合計が0の)とき, 物体は**等速直線運動**(加速度 $a=0$)をする(慣性の法則)。
> ❷ $F=$一定なら $a=$一定だから, 物体に働く力が一定なら, 物体は**等加速度運動**(加速度 $a=$一定)をする。

世の中には, もっと複雑な運動がいくらでもあるが(これからとりあげていくばねの運動や惑星の運動など), 等速直線運動や等加速度運動とみなしてよい運動もまたゴマンとある。まずは, この簡単な実例2つを, 日常的に身近なボールを放り投げたときの運動――つまり**放物運動**に適用してみることにする。

●等速直線運動

まず, 講義1で調べた「物体はいつ, どこにあるか」すなわち, 位置 r を時刻 t で表す式を, ❶, ❷について書いてみる。

位置 r はベクトルだから, 本当は x, y, z の3つの成分について, 3つの「いつ, どこに」を書かなければならないのだが, 話を単純にするために(単純にしたからといって, 本質がそこなわれるわけではない)まず❶については, 物体は x 方向に等速直線運動しているとしてみよう。そうすると,

$$x = v_{0x}t + x_0$$

記号にいろいろな添字がつくことを，わずらわしいと思わないように。添字は，イメージをはっきりさせるための便法である。v_0は，はじめの速度(初速度)という意味であるし，それにxがつけば，そのはじめの速度のx成分ということになる。物体はx方向にだけ動いているのだから，本来この添字xはなくてもよいようなものだが，のちにy方向の運動が出てきたときに区別するためxをつけておくだけのことである。x_0は，物体のはじめの位置である。

図 3-1

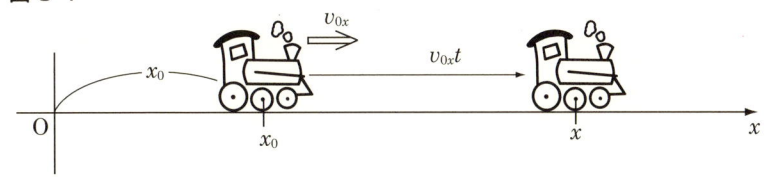

上式がなぜ成立するかは，問題ないだろう。等速運動だから，動いた距離は，速さ×時間である($v_{0x} \times t$)。図3-1から明らかなように，はじめ物体はx_0にあるとすれば，時刻tでの位置(x座標)は，$v_{0x} \times t$にx_0を足しておけばよい。

●等加速度運動

次に，❷の等加速度運動の「いつ，どこに」の式を書いてみる。これは，講義2の演習問題2-1で求めたように，加速度の大きさをaとして，

$$x = \frac{1}{2}at^2 + v_{0x}t + x_0$$

である。しかし，ここでは物体はy方向に動いている(加速度もy方向の成分しかもたない)としてみよう。xをyで置き換えるだけだから，

$$y = \frac{1}{2}at^2 + v_{0y}t + y_0$$

ただし，初速度もy成分しかもたないということで，v_0はv_{0y}としておいた。

講義03●放物運動

●放物運動

さて，ボールを空中に放り投げたときの放物運動が，水平方向の❶等速度運動，鉛直方向(水平に対して直角方向)の❷等加速度運動の組み合わせであることは，高校の物理でもおなじみである。

どうしてそのような運動になるかといえば，**ボールに働く力は鉛直下向きの重力だけだからである**。

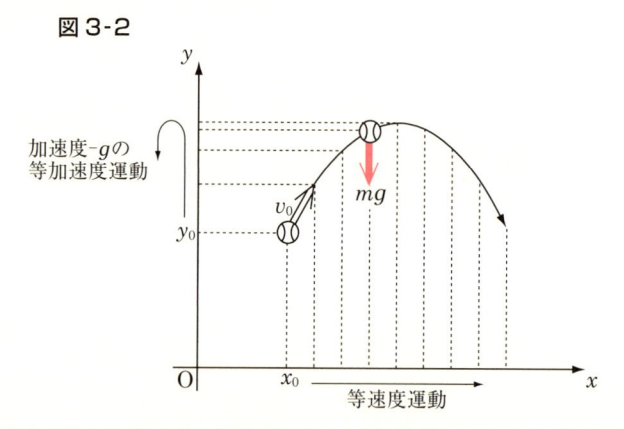

図3-2

> ボールが飛んでいく方向の力，などと勝手に力を「創造」してはいけない。物体に働く力は，重力や電気力，慣性力など特別の力を除けば，直接物体に接触しているものからしか受けない。空中にあるボールは，空気に接触している。だから正確には，空気の抵抗力を受けるが，それを小さいとして無視すれば，重力以外の力は働かない。

ボールには水平方向 (x方向) の力が働かない。それゆえ，慣性の法則にしたがって，ボールは水平方向には等速直線運動する。

放物運動なのに，どうして直線運動なのかと突っ込まれそうなので釈明しておくと，正確には，真上に太陽があるときのボールの影が等速直線運動だということである (図3-2)。それはともかく，ボールのx方向の運動を考えるときには，y方向のことは何も考えなくてよい。x方向とy方向は**独立**である。この「独立性」は，物理全般についていえることで，ややこしそうに見えて，じつは物理というのは単純なのである。

重力は，もちろん鉛直下向きに働く。その大きさは重力加速度をg

としたとき，ボールの質量をmとしてmgであるが，その理由は，地上のすべての物体は，自由落下するとき，$9.8[\text{m/s}^2](=g$とおく$)$という一定の加速度で運動するからである(その原因は万有引力なのだが，それについては講義5で考えよう)。運動方程式より，物体に働く力は質量×加速度と書けるから，地上にある質量mの物体には，$m×9.8(=m×g)$の重力がつねに働いているということになる。

つまり，運動方程式を立てるまでもなく，ボールの鉛直方向(y方向)の運動は，下向きにgの等加速度運動だということである。

y軸で鉛直上向きを正にとっておくと，加速度は$-g$ということになるから，ボールのy方向の位置は，

$$y = -\frac{1}{2}gt^2 + v_{0y}t + y_0$$

となる。

xの式とyの式が導かれたのだから，これでボールの運動は確定したということになる(座標軸のとり方によっては，z方向の運動も問題になるだろうが，ボールの飛ぶ面にx軸，y軸をとっておけば，z方向は考えなくてよい)。

それでは，典型的な放物運動の問題を2つばかりやっておこう。

演習問題 3-1

地上から速さ V_0,水平との傾角 θ でボールを投げ上げた。重力加速度の大きさを g,空気抵抗は無視できるとして,以下の設問に答えよ。

(1) ボールの最高点の地上からの高さ H はいくらか。
(2) ボールが地上にふたたび落ちてくるまでの滞空時間 T はいくらか。
(3) ボールが地上にふたたび落ちてくるまでに進む水平距離 X はいくらか。
(4) V_0 を変えないで (3) の水平距離を最大にするには,傾角 θ をいくらにすればよいか。

図 3-3

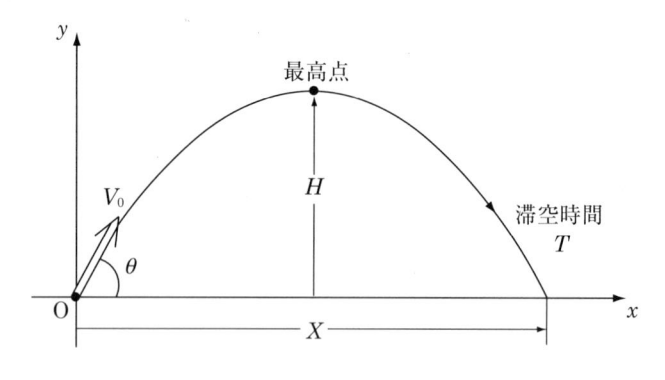

解答 & 解説 放物運動でまず注意しておかないといけないことは,すでに述べたように,水平方向と鉛直方向の運動は独立して扱うことができるということである。そこで,図 3-4 のように初速度を x 成分と y 成分に分解しておくと,このボールの運動は,y 方向を見るかぎり,地上から鉛直真上に初速度の大きさ $V_0 \sin \theta$ で投げ上げたボールの運動とまったく同じということである (図 3-5)。(いうまでもなく,水平方向には初速度 $V_0 \cos \theta$ の等速度運動をする。)

図 3-4　　　　　　　　図 3-5 ● 真上でも斜めでも，y 方向の運動は同じ．

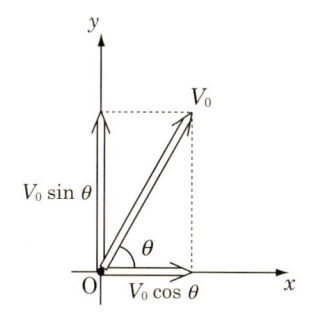

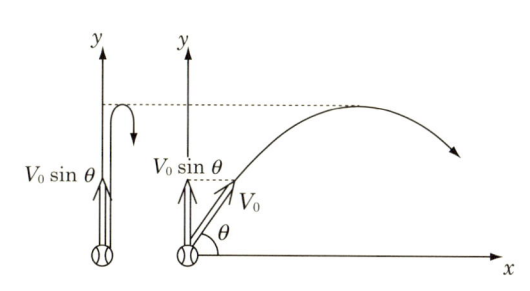

　だから，(1) の最高点の高さや (2) のボールの滞空時間などは，ボールが水平方向に飛ぼうが飛ぶまいが，同じ結果を得ることになるということである．

　(1)　最高点とは，ボールが上昇方向から下降方向へ向きを変える点である．この瞬間，ボールは一瞬止まるはずだから (y 方向だけを見るかぎりである．x 方向には動いていても関係ない)，最高点では (y 方向の) 速度 0 という条件を使えばよい．

　y の位置の式はすでに求めてあるが，速度の式はない．等加速度運動の速度の公式から求めてもよいが，「速度は位置の時間微分」という知識があると，位置の式からすぐさま導くことができる (微積分の計算は，形式的な操作でイメージが湧きにくいが，機械的に，えいやっ，とできるという点で便利である)．

　まず位置の式は，すでに求めたように (ただし初速度は $V_0 \sin \theta$, $y_0 = 0$ として)，

$$y = -\frac{1}{2}gt^2 + V_0 \sin \theta \cdot t \quad \cdots\cdots ①$$

これを時間 t で微分して，

$$v_y = -gt + V_0 \sin \theta \quad \cdots\cdots ②$$

最高点に達した瞬間の時刻を T' とすると，②式から T' を求めることができる。すなわち，最高点に達した瞬間 ($t=T'$)，速度 0 ($v_y=0$) として，

$$0 = -gT' + V_0 \sin\theta$$

$$\therefore\ T' = \frac{V_0 \sin\theta}{g}$$

この結果を①式に代入すれば，高さ H が求まるだろう。すなわち，①式で，$t=T'$ のとき $y=H$ として，

$$H = -\frac{1}{2}gT'^2 + V_0 \sin\theta \cdot T' = \frac{V_0^2 \sin^2\theta}{2g} \quad \cdots\cdots(\text{答})$$

(2)　滞空時間 T は，①式で $t=T$ のとき，$y=0$ とすればよい (ふたたび地面に落下してくる瞬間は，いうまでもなく $y=0$)。①式は，t に関する2次方程式だから解は2つあるが，$y=0$ としたとき，その解の1つが $t=0$ であることはすぐ分かる。これは，投げ上げた瞬間のことであるから，$t=0$ 以外の解を求めればよい。

$$0 = -\frac{1}{2}gT^2 + V_0 \sin\theta \cdot T$$

右辺の T を1つ消せば，すぐにもう1つの T の解が求まる。

$$T = \frac{2V_0 \sin\theta}{g} \quad \cdots\cdots(\text{答})$$

　この結果は，(1)で求めた T' の2倍であることがすぐ分かる。投げ上げてから最高点に達するまでの時間と，最高点からふたたび地面に落下するまでの時間は同じということである。つまり，放物運動では完全な対称性が成立している。これはまた，時間を逆にしても (映像を逆回しにしても) 同じことが起こるということを意味する。摩擦など熱エネルギーに換わる現象がないかぎり，ニュートン力学は時間反転に対して対称的である。これは，我々の経験的思索からするととても奇妙なことである。しかし，本書ではそのことは深追いしないでおこう。

(3) 到達水平距離 X は，水平方向の位置の式，
$$x = V_0 \cos\theta \cdot t$$
で，$t = T$ とすればよい。
$$X = V_0 \cos\theta \cdot T = \frac{2V_0^2 \sin\theta \cos\theta}{g}$$
$$= \frac{V_0^2 \sin 2\theta}{g} \quad \cdots\cdots(\text{答})$$

最後の変形は，$2\sin\theta\cos\theta = \sin 2\theta$ という三角関数の公式を使ってみただけで，別に意味はない。ただし，こうしておくと次の設問を解くのに便利である。

(4) (3)の結果から明らかなように，X を最大にするには，$\sin 2\theta$ を 1 となるようにすればよい（$0 < \theta \leq 90°$ の範囲では，$0 < \sin 2\theta \leq 1$）。
$$\sin 2\theta = 1$$
となるのは，もちろん，
$$2\theta = 90°$$
のときである。すなわち，X を最大とする傾角を θ_m とすれば，
$$\theta_\mathrm{m} = 45° \quad \cdots\cdots(\text{答})$$ ◆

> **実習問題 3-1** 演習問題 3-1のようにボールを放り投げたとき，その軌跡がいわゆる放物線を描くことを示せ。

解答 & 解説 演習問題 3-1 と同じように座標系をとり，x と y の式をもう1度書くと，

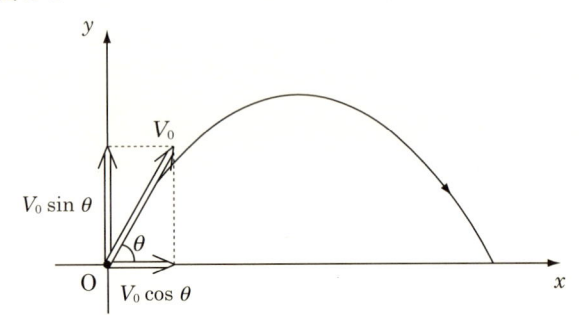

図 3-6

$$x = V_0 \cos\theta \cdot t$$

$$y = \boxed{(a)}$$

この2つの式から t を消去すれば，x と y の関係が得られるだろう（このような t を，パラメータという）。

x の式から，t を求めて，

$$t = \boxed{(b)}$$

これを，y の式に代入すれば，

$$y = \boxed{(c)}$$

$$= -x\left(\frac{g}{2V_0^2 \cos^2\theta}x - \tan\theta\right)$$

これは，原点と $x = \dfrac{V_0^2 \sin 2\theta}{g}$ を通る，上に凸の放物線である。◆

図 3-7

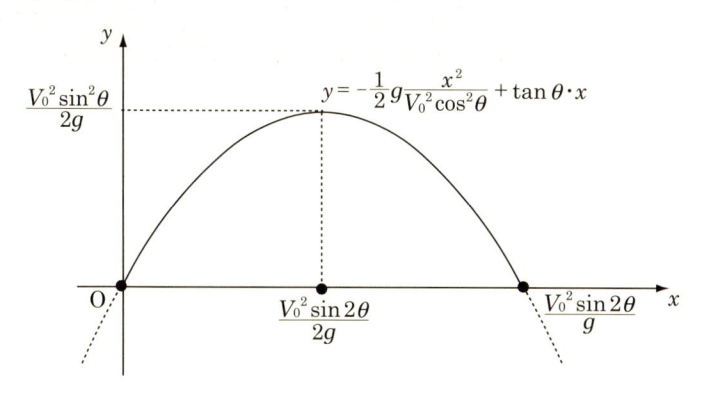

$\dfrac{V_0^2 \sin^2 \theta}{2g}$

$y = -\dfrac{1}{2}g\dfrac{x^2}{V_0^2 \cos^2 \theta} + \tan\theta \cdot x$

$\dfrac{V_0^2 \sin 2\theta}{2g}$

$\dfrac{V_0^2 \sin 2\theta}{g}$

(a) $\quad -\dfrac{1}{2}gt^2 + V_0 \sin\theta \cdot t \qquad$ (b) $\quad \dfrac{x}{V_0 \cos\theta}$

(c) $\quad -\dfrac{1}{2}g\dfrac{x^2}{V_0^2 \cos^2\theta} + V_0 \sin\theta \dfrac{x}{V_0 \cos\theta}$

LECTURE 04 力積と運動量

　講義2では，運動方程式を $ma=F$ という形で表したが，ニュートンが示した表記は，正確には次のようであった。

$$\frac{\mathrm{d}}{\mathrm{d}t}(m\boldsymbol{v})=\boldsymbol{F}$$

　物体が運動することによって質量が変わらないとすると，m を定数として括弧からくくりだすことができるから，上式は，

$$m\frac{\mathrm{d}\boldsymbol{v}}{\mathrm{d}t}=\boldsymbol{F}$$

となる。$\mathrm{d}\boldsymbol{v}/\mathrm{d}t$ は加速度 $\boldsymbol{a}$ に他ならないから，けっきょく，最初の式は，

$$m\boldsymbol{a}=\boldsymbol{F}$$

と同じということになる。

● 運動量

　しかし，厳密にいえば，**ニュートンの示した式は相対性理論に耐えうる**が，$m\boldsymbol{a}=\boldsymbol{F}$ は相対論的には間違っている。なぜなら，相対性理論によると，物体は運動することによって質量を変化させるから，質量 m を括弧からくくりだすことはできないのである。ニュートンが相対論を予期していたはずもないが，天才の洞察というべきであろう。それはともかく，ニュートンの示した運動方程式に登場する $m\boldsymbol{v}$ なる量を，その物体のもつ**運動量**と呼ぶ。運動量は，物体の速度 $\boldsymbol{v}$ が大きければ大きいだけでなく，質量 m が大きくても大きい。すわなち，巨大な物体がものすごいスピードで動いていれば，巨大な運動量をもつということになる。いわばその物体の迫力のようなものである（ただし，あとに登場するエネルギーとは違う）。

なお，**運動量はベクトル量，すなわち向きをもち，それゆえ計算の際には x, y, z の各成分に分けないといけないこと**を銘記しておこう（これに対し，エネルギーはスカラー量である）。

図 4-1 ● 短い時間 dt の間に，運動量が $mv \longrightarrow mv + d(mv)$ と変化したとすれば，$\dfrac{d(mv)}{dt}$ がその間に物体に働いた力である。

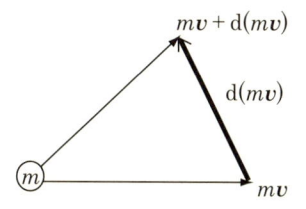

さて，運動方程式を，

$$\frac{d}{dt}(mv) = F$$

と表現すると，その意味は「物体に力が働くと，その分その物体の運動量が変化する」ということになる。運動方程式を力の定義と考えると，「力とは質量×加速度である」といわれるよりも，

力とは運動量を変化させるものである

といわれた方が，はるかにイメージしやすい。問題を解くときには $ma = F$ の方が便利かもしれないが，運動方程式の理解という点では，上の表記の方が「教育的」である。

ところで，上の表記は微分形式である。分母が短い時間 dt であるから，これは瞬間の式ということになる（$v = dr/dt$ が瞬間の速度を表すのと同じ）。ある非常に短い時間 dt の間に変化した物体の運動量が，その瞬間に働いた力である――という式である。

●力積

これに対して，瞬間ではなくもう少し長い時間をかけて物体の運動を見るという方法を検討してみよう（なぜそんなことをするのかと問われ

れば，同じ現象でも，いろいろな見方をすれば，いろいろな新しいことが発見できるものだと答えておこう）。

付録の微分のところを読めば分かるように，$d(mv)$ や dt は非常に短いということを除けば，ふつうの数と同じように考えてよい。そこで，分母をはらうと，

$$d(mv) = \boldsymbol{F} dt$$

これはまだ瞬間の式だが，これを時間とともに足していく。この操作こそが積分である（付録参照）。たとえば，上式をある時刻 t_1 からある時刻 t_2 まで足し合わせるとしよう。

左辺の $d(mv)$ が分かりにくければ，運動量 mv を 1 つの文字 $\boldsymbol{p}$ と書き換えてみる。すると左辺はただの $d\boldsymbol{p}$ である。積分をムズカシイと思っている人のために，図を描いてみる（図 4-2）。

$d\boldsymbol{p}$ はベクトルだから，具体的な計算は x, y, z 方向を別々にしなければならない。しかしそれをすべて書き下すことは繁雑以外の何ものでもないから，図 4-2 は $\boldsymbol{p}$ の 1 つの成分（たとえば x 方向）だと思っておけばよい。y, z についても同じように描けるから，けっきょく，結果はベクトルで表すことができる。

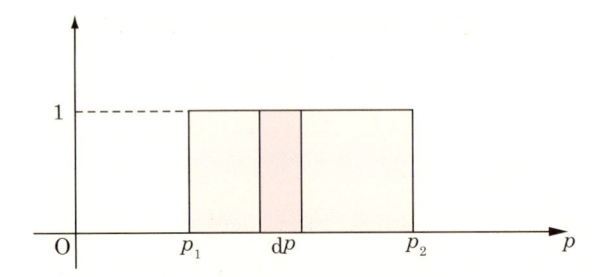

図 4-2 ● $\int_{p_1}^{p_2} dp =$ 長方形の面積 $= 1 \times (p_2 - p_1)$

時刻 t_1 でのこの物体の運動量を p_1，時刻 t_2 では p_2 としておく（図では，p_1 より p_2 が大きく描いてあるが，これはじっさいには逆でもよい。もちろん $p_1 = p_2$ であってもよい）。

時刻 t_1 から t_2 までの積分 $\int_{p_1}^{p_2} dp$ の意味は，（dp はもちろん $1 \times dp$ だから），図の $1 \times dp$ の細長い長方形の面積を，p_1 から p_2 まで足し合わせるということだから，図の p_1 から p_2 までの長方形の面積である。高

さが1だから，これはいうまでもなく，p_2-p_1である．つまり，

$$\int_{p_1}^{p_2} dp = p_2 - p_1$$

図4-3 ● F が変化するとき
(F はベクトルだが，この図は
その1成分とみなせばよい)

図4-4 ● F が一定のとき

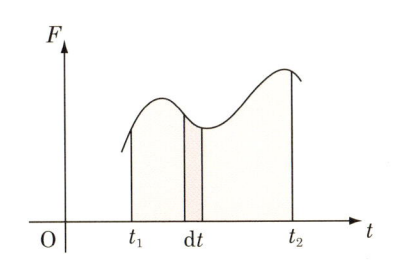

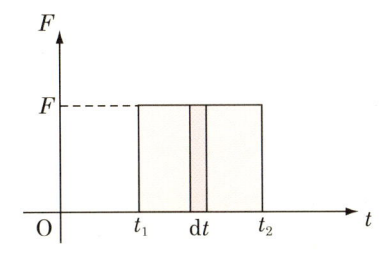

右辺の $\int_{t_1}^{t_2} F dt$ は，F が時間とともに変化するのであれば，簡単には求まらない．たとえば，図4-3のように F が変化すれば，$\int_{t_1}^{t_2} F dt$ は t_1 から t_2 までのグラフの面積ということになる．もし F が一定であれば，図4-4のようになり，その積分値はグラフの面積 $F(t_2-t_1)$ ということになる．

ここでは積分記号に少しでも慣れてもらうために，$\int_{t_1}^{t_2} F dt$ はそのまま残しておこう．この式の物理的意味は，もちろん，力×時間の合計ということである．この力×時間のことを，**力積**と呼ぶ．

> 力積とは，力をどれくらいの時間加えつづけたかという，力の時間的効果である

(これに対して，力を加えてどれだけ物体を動かしたか，すなわち力×距離を**仕事**と呼ぶ．これについては，講義5で考察する)．

けっきょく，運動方程式の積分は次のように書けることになる．

$$mv_2 - mv_1 = \int_{t_1}^{t_2} F dt$$

この式の意味は，**時刻 t_1 から t_2 の間の物体の運動量の変化は，その間にその物体に加えられた力積に等しい**ということである．あるいは，同じことだが，式を変形して，

$$mv_1 + \int_{t_1}^{t_2} F\,dt = mv_2$$

とすれば，**物体がはじめにもっていた運動量に，力積が加われば，あとの運動量になる**ということである。

　蛇足かもしれないが，これは「店の金庫の残高チェック」と同じ関係である。つまり，きのうまでの金庫の残高が100万円で，きょう売り上げが50万円あれば，きょうの金庫の残高はとうぜん150万円である。ただし，金庫の残高や売り上げはスカラーであるが，力積と運動量はベクトルである点は注意しないといけない。

　図4-5●力積と運動量の関係は，店の売り上げと金庫の残高の関係と同じ（ただし，力積と運動量はベクトル量である）。

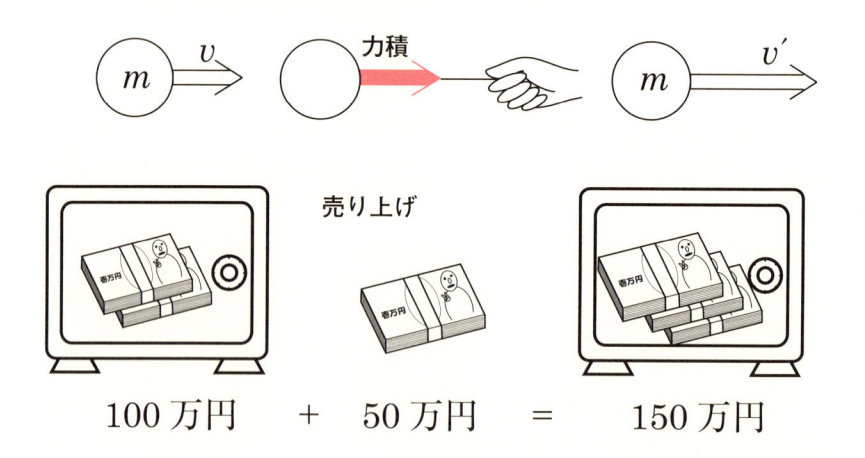

100万円　＋　50万円　＝　150万円

> **演習問題 4-1**
>
> 床から高さ h の地点から，質量 m の質点を自由落下させたところ，質点は床に落下したあと，はねかえり係数 1 で真上にはねかえった。重力加速度の大きさを g として，
>
> (1) 質点が床に落下するまでに，重力が質点になした力積の大きさと向きを求めよ。
> (2) 床に落下してはねかえったとき，質点が床から受ける力積の大きさと向きを求めよ。
>
> 注：はねかえり係数 1 とは，衝突面に対して直角な速度の成分の大きさが，衝突直前と衝突直後で同じという意味である。

解答 & 解説 (1) 質点が床に落下するまでの間，重力の向きはつねに鉛直下向き，その大きさはつねに mg であるから（$mg =$ 一定），床までの落下時間を T とすれば，力積の積分は単純な掛け算となって，

$$\int_0^T F \mathrm{d}t = \int_0^T mg \mathrm{d}t = mg \cdot T$$

この力積の向きは，もちろん鉛直下向きである。

図 4-6

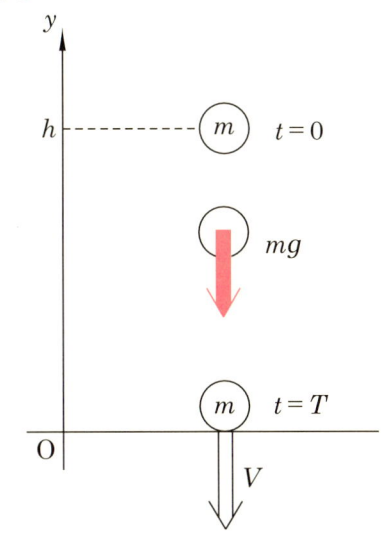

講義04 ●力積と運動量

さて，落下時間 T は，講義3で学んだ公式を使えば簡単に求まるであろう。たとえば床面を原点とし，鉛直上向きに y 軸をとれば，時刻 t における質点の位置と速度は，

$$y = -\frac{1}{2}gt^2 + h \quad \cdots\cdots ①$$
$$v_y = -gt \quad \cdots\cdots ②$$

ただし，落下させる瞬間を時刻 $t=0$ とし，自由落下だから初速度も0としてある。

①式で，$t=T$ のとき $y=0$ とすれば，T が求まる。

$$T = \sqrt{\frac{2h}{g}}$$

よって，質点が落下中に重力から受ける力積の合計は，

$$mgT = mg\sqrt{\frac{2h}{g}} = m\sqrt{2gh} \quad \cdots\cdots(答)$$

その向きは，

$$鉛直下向き(y軸負方向) \quad \cdots\cdots(答)$$

別解 力積を，運動量の変化という見方で解いてみよう。上の②式を使うと，質点が床に落下する直前の速度 V が求まる。すなわち，T の値を②式に代入して，

$$V = -gT = -g\sqrt{\frac{2h}{g}} = -\sqrt{2gh}$$

マイナスがつくのは，いうまでもなく，速度の向きが y 軸負方向だからである。よって，質点が床に落下する直前にもっている運動量は，

$$mV = -m\sqrt{2gh}$$

となる。時刻 $t=0$ における速度(初速度)は0だから，力積と運動量の関係を書くと，

$$0 \quad + \quad \int_0^T F\,dt \quad = \quad mV$$
$$\text{はじめの運動量} \quad \text{加えられた力積} \quad \text{あとの運動量}$$

となり，たしかに，
$$\int_0^T F\,dt = mV = -m\sqrt{2gh}$$
となって，先に求めた答えと一致する．マイナスがつくのは，いうまでもなく，力積の向きが y 軸負方向 (鉛直下向き) という意味である．

(2) 質点と床との衝突は，きわめて短時間に起こる．しかも，重力などの「ふつうのおだやかな」力とは違い，衝撃力である．このような衝撃力による力積は (精密な実験でもおこなわないかぎり)，直接求めることはできない．しかし，力積が運動量の変化をもたらすということを知っていれば，容易に求めることができるのである．

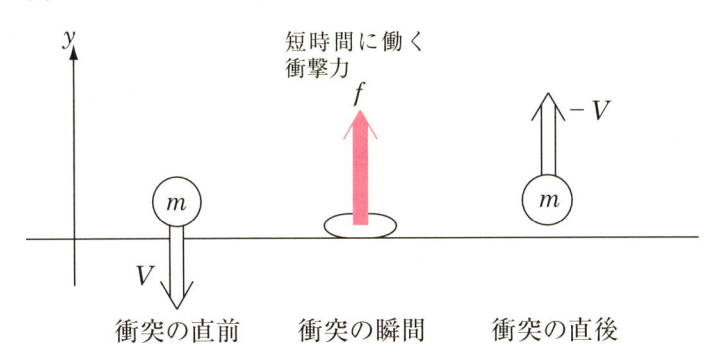

図 4-7

座標系は (1) と同様にとっておこう (鉛直下向きを正としても一向にかまわないが)．図 4-7 のように，質点が床に衝突する直前の速度を V とすれば，質点が床からはねかえった直後の速度は，$-V$ である (はねかえり係数が 1 だから)．(ただし，V の値は負であるから，$-V$ の値は正となる．座標軸の向きを逆にしておけば，こういうややこしいことは起こらないが，いずれにしても本質的なことは何も変わらない．)

そこで，質点が衝突によって床から受ける力積を $\int f\,dt$ とすれば，(1) と同様に力積と運動量の関係から，
$$mV + \int f\,dt = -mV$$

講義04 ● 力積と運動量　　45

ゆえに，
$$\int f\,dt = -2mV$$

ここで，$V = -\sqrt{2gh}$ を代入すれば，
$$\int f\,dt = 2m\sqrt{2gh} \quad \cdots\cdots(\text{答})$$

この値は正だから，力積の向きは
$$\text{鉛直上向き}(y\text{軸正方向}) \quad \cdots\cdots(\text{答})$$
である。質点が受ける力積の向きが鉛直上向きであることは，図 4-7 を見ても明らかである。◆

●運動量保存則

力積と運動量の関係から，もし物体に働く力積が0であるなら，その物体に働く運動量は変化しないということは自明である。「店が定休日で売り上げが0なら，金庫の残高はきのうもきょうも変わらない」のと同じ理屈である。

ところで，1つの質点を考え，この質点に働く力(の合計)が0のとき，この質点の速度は変化しない(慣性の法則)から，運動量保存則が成り立つのはあたりまえのことである。つまり，1つの質点について運動量保存則を考えても，面白いことは何もない。それゆえ，運動量保存則が重宝されるのは，2つ以上の質点(質点系)を考えるときである。たとえば，2つの質点の衝突という現象を見てみよう。

図 4-8 ●衝撃力の合計は，作用・反作用の法則で，系全体としては0となる。

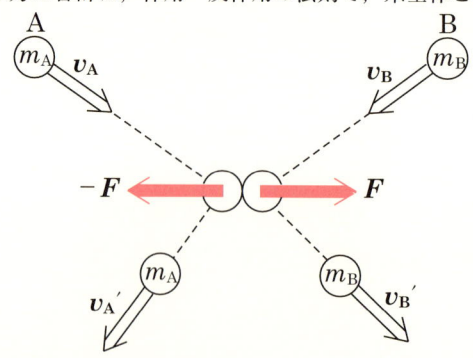

質点Aと質点Bが衝突した瞬間に互いに及ぼし合う力は，瞬間の衝撃力なので，それがどれくらいの大きさで，どんなふうに変化するかを測定することは，重力などと違って容易ではない。しかし，A＋Bという質点系全体を考えてみると，作用・反作用の法則によって，AがBから受ける力と，BがAから受ける力は打ち消し合うことになるから，A＋Bという質点系の運動量は保存することになる。つまり，図4-8のように記号をとれば，質点Aと質点Bの衝突においては，つねに

$$m_A \boldsymbol{v}_A + m_B \boldsymbol{v}_B = m_A \boldsymbol{v}_A' + m_B \boldsymbol{v}_B'$$

という関係が成立することとなる。$\boldsymbol{v}_A'$と$\boldsymbol{v}_B'$を未知数としたとき，この運動量保存則だけでいつも解が求まるわけではないが，少なくとも運動量保存則は，衝突後の質点の運動を決める重要な条件となるわけである。

　ついでにいっておけば，こうした衝突が重力などの外力の働く空間で起こった場合，厳密には衝突の前後で外力のなす力積が，質点系全体の運動量を変化させる。しかし，衝突という現象はきわめて短い時間で起こるので（ゆっくり時間をかけて起こる相互作用は，衝突とは呼ばない），その間に重力などの「ふつう」の力がなす力積は，

　　「ふつう」の大きさの力×きわめて短時間＝きわめて小さな力積

となって無視できる。それゆえ，衝突という現象の前後で，その質点系の運動量はつねに保存すると考えるのである。

実習問題 4-1

図のように，同じ質量 m の2つの質点が x-y 平面上を飛んでおり，原点 O で衝突した。衝突直前の質点の速さはともに v であり，衝突の角度は x 軸に対して，それぞれ図のように 30° であったとする。衝突後，2つの質点は一体となって運動したとすると，衝突直後の質点の運動の向きはどちらか，また速さはいくらか。

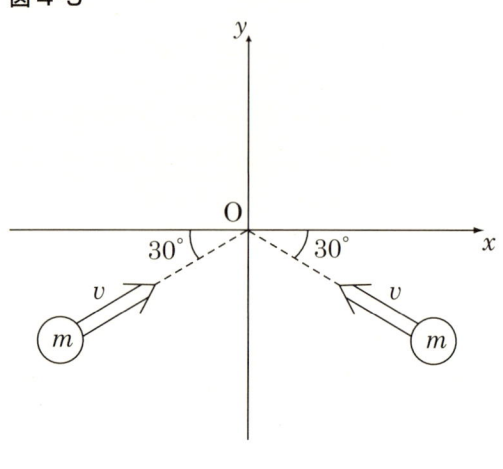

図 4-9

解答 & 解説

衝突後，物体が合体する場合（完全非弾性衝突），求める速度（未知数）は1つであるから，運動量保存則だけで解くことができる（それに対して，弾性衝突の場合は未知数は2つになるが，このときは運動量保存則と力学的エネルギー保存則の2つの連立方程式を立てて解くことになる）。

運動量はベクトルであるから，具体的な計算は，x 成分と y 成分に分けてやればよい。衝突直後の質点の速度の x 成分と y 成分を，それぞれ V_x，V_y とし，図から速度の向き（正負）を考慮して運動量保存則を書けば，

図4-10

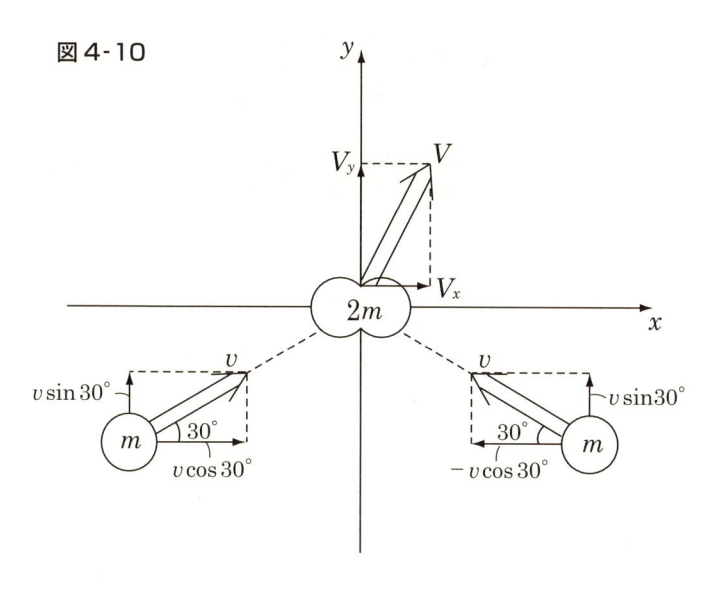

x 方向の運動量保存則：$mv\cos 30° + (-mv\cos 30°) = 2mV_x$

y 方向の運動量保存則：$mv\sin 30° + mv\sin 30° = 2mV_y$

$$\therefore \quad V_x = \boxed{(a)} \quad , \quad V_y = \boxed{(b)}$$

よって，衝突直後の質点の運動の向きは，$\boxed{(c)}$ 軸正方向

速さは，$\boxed{(d)}$ ……（答）◆

(a) 0 (b) $\dfrac{1}{2}v$ (c) y (d) $\dfrac{1}{2}v$

講義 LECTURE 05 仕事とエネルギー

　前回の講義で見た力積（＝力×時間）が，力の時間的効果であるとすれば，力×距離という力の空間的効果を示す物理量を考えることができるであろう。これが**仕事**である。仕事は，もちろん力積とは次元の異なる物理量であるが，それだけではなく，力積がベクトル量であるのに対して，仕事はスカラー量である。

　仕事の詳しい定義を与える前に，直感的な理解をしておくことは有益である。

図5-1 ● 仕事＝力×移動距離ではあるけれど

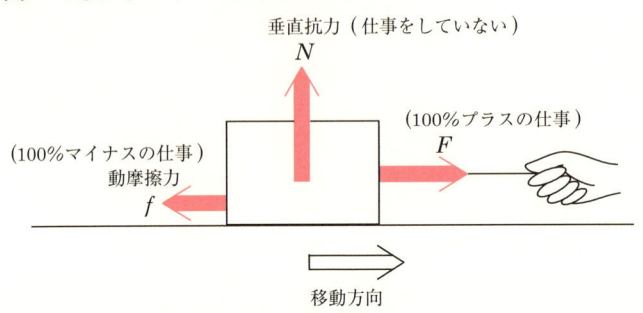

垂直抗力（仕事をしていない）
N

（100％マイナスの仕事）
動摩擦力
f

（100％プラスの仕事）
F

移動方向

　いま図のように，物体が水平な床の上を，糸で引かれて右方向に移動しているとする。この物体には，糸が引っ張る力 F 以外に，その動きを阻止しようとする動摩擦力 f と床からの垂直抗力 N が働いている（もちろん重力も働いているが）。

　これらの力，F, f, N が，物体の右方向への移動に対してどのような効果を及ぼしているかを考えてみよう。糸が引っ張る力 F はもちろん右向きだから，100パーセント，物体の右方向への移動に貢献している。だから，物体が距離 x だけ移動したとすると，力 F が物体になした仕事は，まさに力×移動距離である $F \cdot x$ としてよいであろう。

これに対して，動摩擦力 f は，物体の移動方向とは逆の左向きである。それゆえ力 f は，物体の右方向への移動に対して 100 パーセント，マイナスの効果を及ぼしている。そこで，このとき力 f がこの物体になす仕事は，$-f \cdot x$ とするのがよいだろう。つまり，移動方向に対して力が逆向きである場合は，その力がする仕事はマイナスとするのである。

ところで，垂直抗力 N はどうかといえば，移動方向に直角だから，物体の移動に対してプラスの寄与もマイナスの寄与もない。そこで N のする仕事は 0 とするのが妥当であろう。

このように，仕事というものは，物体の移動方向と力の方向によってプラスになったり，マイナスになったり，ときには 0 になったりする。それでは一般的に移動方向に対して角 θ をなす方向に力が働いているとき，仕事をどのように定義すればよいであろう？

● **仕事の定義**

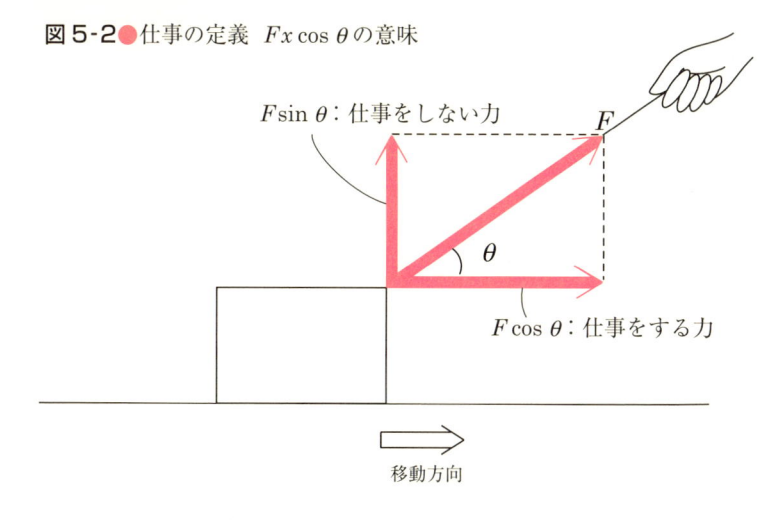

図 5-2 ● 仕事の定義 $Fx \cos \theta$ の意味

力を物体の移動方向とそれに直角の方向に分解すれば，分かりやすい。移動方向に平行な成分，$F \cos \theta$ は 100 パーセント，仕事に寄与する（θ の値によって，プラスになったりマイナスになったりするが）。それに対して，移動方向に直角な成分，$F \sin \theta$ は仕事をしない。よって，移動距離 x と力 F のなす角が θ のとき，力 F がなす仕事 W は，

$$W = F\cos\theta \cdot x = Fx\cos\theta$$

と書けるであろう．これは，数学の言葉でいえば，ベクトル F とベクトル x のスカラー積 (内積) である．

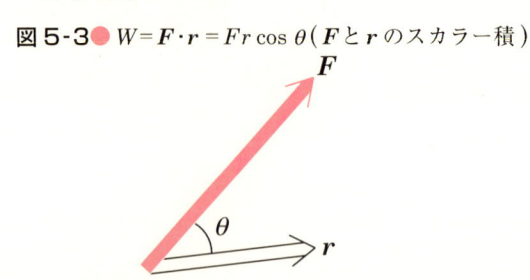

図5-3● $W = \boldsymbol{F}\cdot\boldsymbol{r} = Fr\cos\theta$（$\boldsymbol{F}$ と $\boldsymbol{r}$ のスカラー積）

よって，仕事は力と距離のベクトルのスカラー積と定義されるわけだが，物理を学ぶときに注意しないといけないことは，**スカラー積という定義が先にあるわけではない**ということである．仕事という直感的なイメージがあって，それを説明する道具としてベクトルのスカラー積という数学が生まれたのである（いずれ登場する，ベクトルのベクトル積も同じである）．

なお，仕事の単位は，[N·m]（ニュートン×メートル）であるが，多用されるので，それを1つの単位で表し[J]（ジュール）とする（本書では，物理量の次元および単位の説明は，あえて省いている．詳細は適当なテキストを参照してほしい）．

●エネルギーという概念

さて，物体に力が働いて物体を動かすとき（すなわち物体に仕事がなされるとき），物体の何が変化するのかということを考えてみよう．ちょうど，物体に10の力積が加われば，物体の運動量が10増えるように，物体に10（ジュール）の仕事がなされれば，物体の何が10（ジュール）増えるか，ということを考えるわけである．

そのためには，力積のときと同様，運動方程式を積分してみればよい（くどいようだが，積分するとは，瞬間瞬間の運動を足し算していくということである）．

まず，dt という短い瞬間の運動方程式は(質量を定数としておいて)，

$$m\frac{dv}{dt} = F$$

この間に物体が動いた短い距離 dx を掛けると，右辺はその間に力がなした仕事となる(簡明にするため，ベクトル式ではなく，スカラー式にしておく．正確には，以下の式はベクトルのスカラー積の式である)．

$$m\frac{dv}{dt}dx = F\,dx$$

ここでちょっとしたテクニックを用いよう．dx や dt といった量は，非常に小さいというだけであって，ただの数と同じであるということを思い出して頂きたい．すなわち，上式の左辺の dv と dx を入れ替える(念のためにいっておけば，ベクトルのスカラー積もまた順序を変更してもよい)．

$$m\frac{dx}{dt}dv = F\,dx$$

dx/dt は，速度 v に他ならないから，

$$mv\,dv = F\,dx$$

こうしておいて，この瞬間の式を積分して(すなわち足し合わせて)みよう．はじめとあとの位置や速度を，添字でそれぞれ 1，2 とすると，

$$\int_{v_1}^{v_2} mv\,dv = \int_{x_1}^{x_2} F\,dx$$

左辺の積分が，簡単にできることが分かるであろう．

$$\frac{1}{2}mv_2^2 - \frac{1}{2}mv_1^2 = \int_{x_1}^{x_2} F\,dx$$

こうして，物体に仕事がなされれば，$\frac{1}{2}mv^2$ という量が変化することが分かる．これを物体の**運動エネルギー**と呼ぶわけである．

●仕事とエネルギーの関係

前ページの式は，次のように書き換えてもよい。

$$\frac{1}{2}mv_1{}^2 + \int_{x_1}^{x_2} F\,dx = \frac{1}{2}mv_2{}^2$$

これは，力積と運動量のときにも説明したように，「店の売り上げと金庫の残高」の関係と同じである。物体に仕事がなされれば，その分だけ物体の運動エネルギーが増えるということである。

図5-4●店の売り上げと金庫の残高の関係

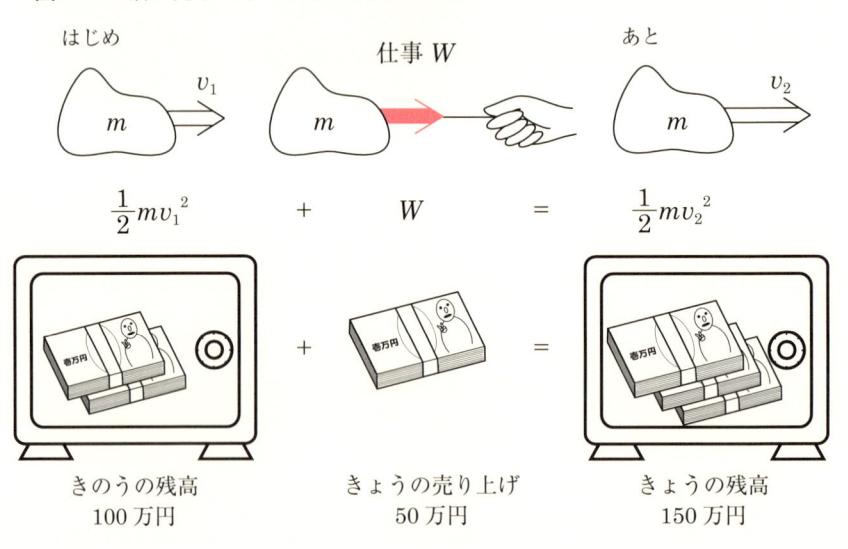

はじめ　　　　　　仕事 W　　　　　　あと

$\frac{1}{2}mv_1{}^2$ ＋ W ＝ $\frac{1}{2}mv_2{}^2$

きのうの残高　　　きょうの売り上げ　　　きょうの残高
100万円　　　　　　50万円　　　　　　　150万円

仕事とエネルギーの関係は，力積と運動量の関係と非常によく似ているが，注意しなければならない点は，

❶仕事（およびエネルギー）は，ベクトルではなくスカラー量である。
❷力が働いていても，仕事が0ということはありうる。

図 5-5 ● 張力 T は仕事をしない。
　　　　── 運動の向きは変わるが，運動エネルギーは変わらない。

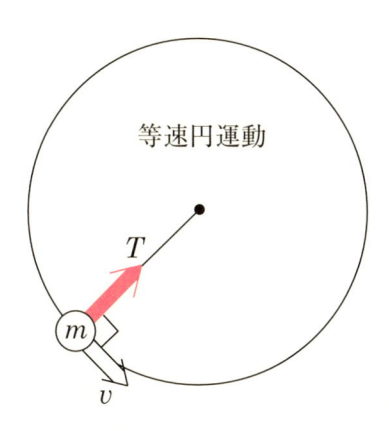

等速円運動

たとえば，図のように糸につながれて等速円運動している質点を見てみよう。重力などの外力が働いていないとすると，質点に働く力は糸の張力 T だけであるが，質点は円の接線方向に動くから，質点の速度 v と糸の張力 T はつねに直角である。よって張力 T は仕事をしない。そこで，この質点の運動エネルギーは変化しないことになる。

● 位置エネルギーの導入

仕事と運動エネルギーの関係は (力積と運動量の関係と同様)，つねに成立する力学の基本であるが，ここでエネルギーの概念をもう少し拡張してみることにする (話を混乱させるためではなく，問題をより容易に解くためである)。

まず，我々の身近な存在である重力がする仕事というものを考えてみよう。仕事の定義を用いて，高校物理の復習をして頂きたい。

　問　図 5-6 のように，質量 m の質点を高さ h から，(1) 自由落下させた場合と，(2) 水平と θ をなす斜面上を滑り落とした場合，重力がこの質点になす仕事は変わらないことを示せ。

講義05 ● 仕事とエネルギー　55

図5-6 (1)と(2)の運動で，重力のなす仕事は同じ。

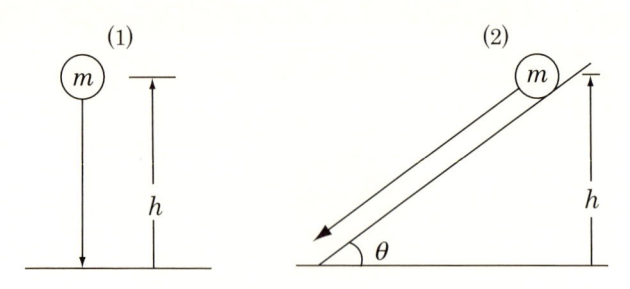

解答 (1)の場合，重力がなす仕事が mgh であることは明らか。(2)の場合，質点の移動距離は $h/\sin\theta$ であるが，その方向の重力の成分は $mg\sin\theta$ である。よって重力のする仕事は，$mg\sin\theta \times \dfrac{h}{\sin\theta} = mgh$。

　点Aと点Bが与えられていて，その鉛直方向の高低差が h であるとする。質量 m の質点が点Aから点Bまで移動するとき，どのような経路をとろうと，重力がこの質点になす仕事は，重力加速度の大きさを g として，つねに mgh である。なぜなら，質点が移動する経路は，どのような曲線であろうと，細かく分割すれば上の問のまっすぐな斜面の組み合わせとして表せるからである(これが微分の威力である)。

図5-7 どのような経路をたどろうと，重力がする仕事は同じ。

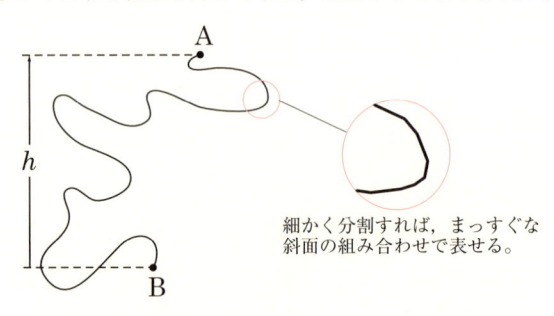

細かく分割すれば，まっすぐな斜面の組み合わせで表せる。

　さて，このように**位置が決まればそれによって仕事も決まるような力**を，**保存力**と呼ぶ(保存力は特別の力であるが，重力以外にも保存力はたくさんある)。このような場合，いちいちその力がする仕事を計算する必要はない。点Aに質点があれば，その質点が点Bまで落ちれば必ず mgh の仕事をするのだから，点Aにある質点は点Bにある質点よ

り mgh だけ余分なエネルギーをもっていると考えると便利であろう。点Aにある質点は，運動エネルギーはもたないが，潜在的に mgh の仕事をする「能力」をもっている。そこで，これを**ポテンシャル・エネルギー**と呼ぶのである。日本語では，**位置エネルギー**と呼ぶ。

●もっとも使いやすい仕事とエネルギーの関係式

このように位置エネルギーを導入し，**運動エネルギー**と**位置エネルギー**を合わせて，それらをその質点(系)がもつ**力学的エネルギー**と呼んでおこう。位置エネルギーを mgh と表記できるのは，重力(それも地上付近にかぎる)だけだから，一般に位置エネルギーを U という記号で表しておく。そうすると，仕事とエネルギーの関係は，

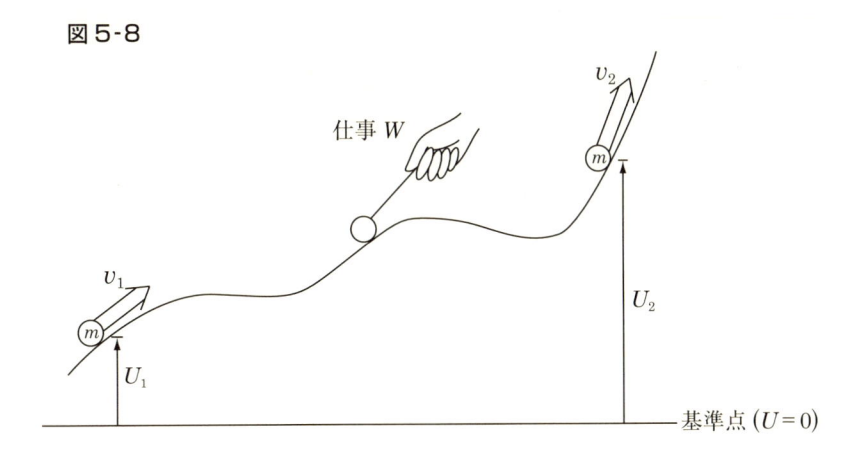

図 5-8

$$\frac{1}{2}mv_1^2 + U_1 + W = \frac{1}{2}mv_2^2 + U_2$$

となる。このとき，質点になされる仕事 W には，保存力の仕事はもちろん含まれていない。それらは，位置エネルギー U_1, U_2 の中に折り込み済みだからである。

付言しておくと，位置エネルギーはその高低差が大事なのであって，どこを基準点(位置エネルギー＝0)にするかは自由である。

●力学的エネルギー保存則

上の仕事とエネルギーの関係式において，$W=0$（保存力以外の力がする仕事が0）であるなら，いうまでもなく**力学的エネルギー保存則**が成立する。

$$\frac{1}{2}mv_1^2 + U_1 = \frac{1}{2}mv_2^2 + U_2$$

天体の運動，摩擦力などのない振り子やばねの振動など，単純化され理想化された系においては，力学的エネルギー保存則はつねに成立するので，運動量保存則と並んで，力学の問題を解く際にきわめて有用である。理屈の上では，運動方程式が運動をすべて決定するのであるが，力学的エネルギー保存則を用いる方がはるかに楽なのである。

●ポテンシャル・エネルギーとは何か

位置エネルギー $U(r)$ の性質を，もう少し追求してみよう。我々の世界では，$U(r)$ は，3次元すなわち x, y, z の関数であるが，話を簡略化するため，U を x だけの関数とし，質点も x 方向にだけ動くとする。図5-9のように，上向きに x 軸をとり，具体的には重力をイメージしておけばよい。

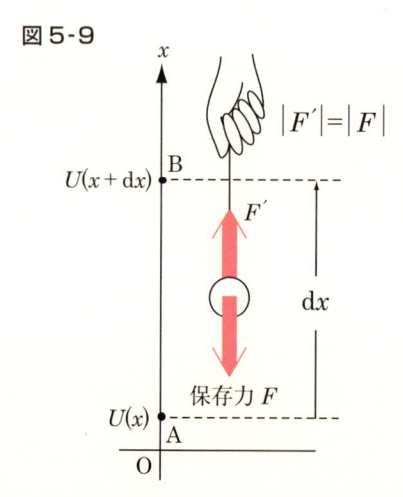

図5-9

点Aのポテンシャルを $U(x)$，点Aから短い距離 dx だけ上の点を点Bとし，点Bでのポテンシャルを $U(x+dx)$ としておく。このとき，重力をイメージすれば明らかなように，点Aと点Bの間にある質点に働く保存力 F の向きは下向き (負方向) である。そこで，1つの質点を点Aから点Bまで運ぼうとすると，上向きに保存力 F と同じ大きさの力 F' を加えなければならない。

このとき，仕事とエネルギーの関係式を書いてみると (ゆっくり運べば運動エネルギーは無視できるから)，

$$U(x) + F'dx = U(x+dx)$$

$F' = -F$ であるから，

$$U(x) - Fdx = U(x+dx)$$

U の増加分，$U(x+dx) - U(x)$ を $dU(x)$ と書いて，F を求めると，

$$F = -\frac{dU(x)}{dx}$$

となる。この式の意味していることは，何であろうか。

右辺は，(マイナス記号はさておき) U の微分である。微分とは傾きだから，力はポテンシャルの傾きということである。こうして，物理学は目には見えない新しい物理量を創造する。

現代の物理学では，力 (保存力) というものを「根源的」なものとはみなさないのである。目には見えないが，空間にはポテンシャルというものが形作られている (もっと一般的には，「場」と呼ばれる)。このポテンシャルこそが「根源的」なものであり，力はその傾斜として必然的に生じてくるものなのである。ちょうど，すり鉢の中でパチンコ玉を弾けばすり鉢の中を回転するように，パチンコ玉の運動を決めているのはすり鉢の形状である。このすり鉢の形状と同様に，質点の運動を決めるものこそがポテンシャルなのである。

演習問題 5-1

次の1次元ポテンシャルを考える。
$$U = ax^2 \quad (a は正の定数)$$

図5-10

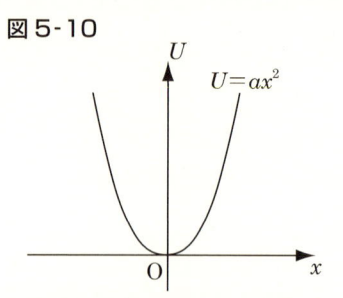

このとき，位置 x に置かれた質点に働く(保存)力の大きさと向き(1次元なので，正か負か)を求めよ。

解答 & 解説

$$F = -\frac{dU}{dx} = -2ax$$

力の大きさは，$2ax$

力の向きは，$x > 0$ のとき，負方向
$\quad\quad\quad\quad x = 0$ のとき，0
$\quad\quad\quad\quad x < 0$ のとき，正方向　……(答)

図5-11●調和振動子

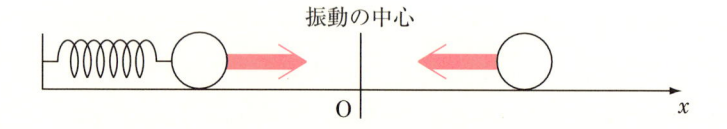

振動の中心

つまり，この力は変位 x に比例し，向きはつねに中心方向である。これは，ばねの力に他ならない。ばねの力をフックの法則にしたがって $F = -kx$ (k はばね定数)と書けば，ポテンシャルは，

$$U = \frac{1}{2}kx^2$$

となる。一般にこのようなポテンシャルをもって運動する質点(系)を，**調和振動子**と呼ぶ。◆

実習問題 5-1

次の1次元ポテンシャルを考える。
$$U = -\frac{a}{x} \quad (a\text{は正の定数,}\ x > 0 \text{とする})$$

図5-12

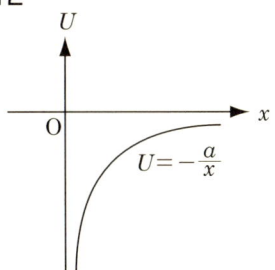

$U = -\dfrac{a}{x}$

このとき，位置 x に置かれた質点に働く(保存)力の大きさと向き(1次元なので，正か負か)を求めよ。

解答 & 解説

$$F = -\frac{dU}{dx} = \boxed{\text{(a)}}$$

力の大きさは， $\boxed{\text{(b)}}$

力の向きは， $\boxed{\text{(c)}}$ 方向(中心方向) ……(答)

　この距離の2乗に逆比例する力は，具体的には万有引力や静電気力である(ただし，じっさいには3次元であるが)。地上付近における一定の力 mg をもたらす重力は，万有引力の近似である。◆

(a) $-\dfrac{a}{x^2}$　(b) $\dfrac{a}{x^2}$　(c) 負

● 3次元空間のポテンシャル

演習問題 5-1 の 1 次元空間を 2 次元空間に拡張すると，立体的なポテンシャルを描くことができる。

図 5-13 ● すり鉢状の 2 次元ポテンシャル

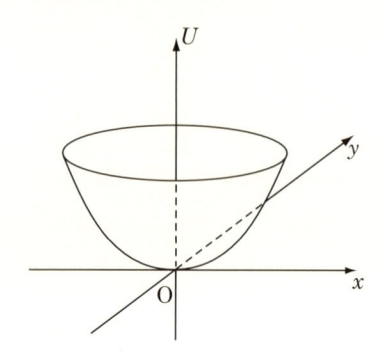

図は，まさにすり鉢状のポテンシャルで，
$$U = ax^2 + by^2 \quad (a, b \text{ は定数})$$
と書ける。直感的にはこのようなすり鉢面にパチンコ玉を置いたとき，パチンコ玉は最大傾斜の方向に転がり落ちるであろう。力は，まさにその方向に働くことになる。これを式で書けば，
$$F_x = -\frac{\partial U}{\partial x}$$
$$F_y = -\frac{\partial U}{\partial y}$$

偏微分 ∂ を難しく考える必要はない。力の x 成分を考えるときには，y は定数とみなして微分すればよいのである。

けっきょく，現実の 3 次元空間を考えれば，保存力のポテンシャルは，$U(x, y, z)$ の 3 変数の関数となり (このポテンシャルは，もはや我々の目に見える形で描くことはできない)，空間の 1 点 (x, y, z) に置いた質点に働く力は，

$$F_x = -\frac{\partial U(x, y, z)}{\partial x}$$

$$F_y = -\frac{\partial U(x, y, z)}{\partial y}$$

$$F_z = -\frac{\partial U(x, y, z)}{\partial z}$$

となる．偏微分の式をずらずら並べたが，式の形式などはどうでもよいのである．ポイントは，**ポテンシャルが与えられたとき，力がその最大傾斜の方向に働く**という直感的理解である．

　さらにいえば，ポテンシャルは目には見えないが，実在するものであると考えるのが，合理的である．なぜなら，その方が自然現象を単純に表現することができるからである．**自然はシンプルである**．これが物理学の根本思想である(ただし，これもまた人間の思い込みにすぎないのかもしれないが)．

講義 LECTURE 06 円運動

　エネルギーというものを学んだところで，等加速度運動という比較的単純な運動から一歩先へ進もう。直線的な運動の次にとりあげるべきものといえば，円運動，それももっとも単純な等速円運動からはじめることにしよう。

●等速円運動

　等速円運動の具体的な例として，図のような円錐振り子を考えてみる。

図6-1●円錐振り子　　　　　図6-2●S_xが円運動させる力

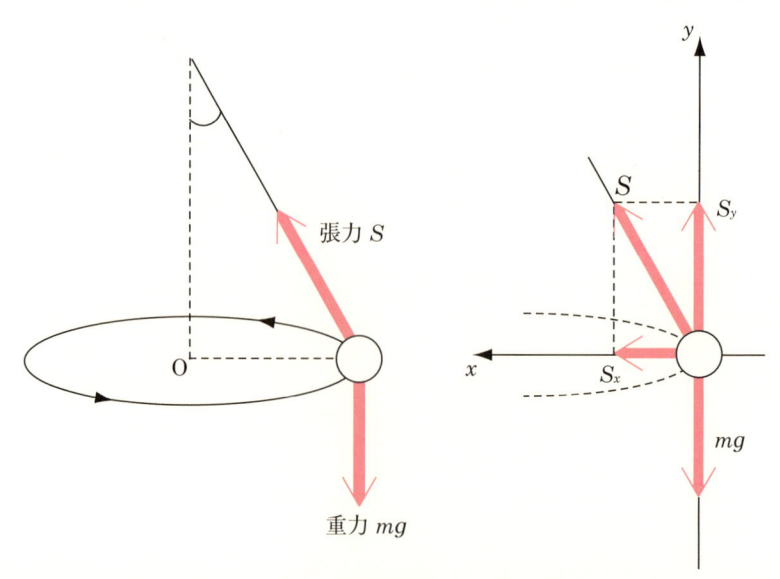

　このとき円運動している質点に働く力は，重力 mg と糸の張力 S だけである。座標軸を，円運動の中心方向に x 軸，それに直角(鉛直方向)

にy軸としよう(円の中心方向に座標軸をとるのは，円運動を考えるときにもっとも適切なとり方である)。(なお，x軸とy軸のとり方が慣用のとり方と逆であるが，本書ではあえてそのようなことにはこだわらない。右手系，左手系などについて知りたいときは，適当なテキストを参照のこと。)

この質点は同一水平面内を運動し，鉛直方向には動かないから，y軸方向の力はつりあっているはずである。つまり図で$S_y = mg$。そうすると，質点に働く力はけっきょく，円の中心方向の力 S_x だけとなる。このことから，円運動を起こさせる力は，円の中心方向を向いていると推測できる。これを**向心力**と呼ぶ。しかし，その大きさがいくらなのかは，この図だけからは分からない。

そこで，話を逆から考えてみよう。半径rの円を描き，速さがvである等速円運動が与えられているとする(半径と速さが決まれば，どんな等速円運動かは一意的に決まる)。このとき，この質点に働く力はどんなものでなければならないだろうか。

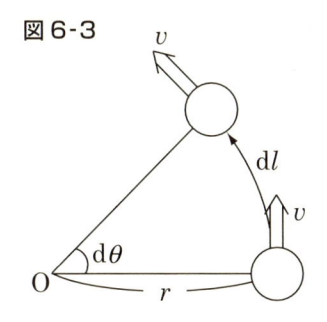

図6-3

$$dl = r\,d\theta$$

常套手段として，きわめて短い時間 dt における質点の運動を考える。このとき，質点はきわめて小さな角度 $d\theta$ だけ回転し，その移動距離を dl とすれば，(θをラジアンで表しておけば)，$dl = r\,d\theta$ の関係があることは，幾何学的に明らかである(付録参照)。そこで，質点の速さvは，

$$v = \frac{dl}{dt} = r\frac{d\theta}{dt}$$

$d\theta/dt$ は，回転角を時間で割ったものだから，回転の速さのようなものである。そこでこれを**角速度**と呼び，ω という記号で表しておこう。

●速度と角速度

等速円運動であるなら，ω はとうぜん定数である。けっきょく，

$$v = r\omega$$

等速円運動でなくても，ある短い時間間隔 dt で見れば，v や ω はほとんど変化せず上と同じ議論が成り立つから，$v=r\omega$ の関係は**瞬間瞬間においてつねに成立している**。

速度の向きは，いうまでもなく，円の接線方向である。

次に速度の変化——すなわち加速度——を調べてみよう。

●円運動の加速度

図6-4

$$dv = v\,d\theta$$

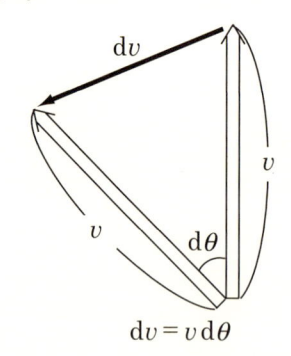

図6-4を見て頂きたい。図6-3の速度の矢印を，始点を同じにして描いたものである。ここに描かれた三角形は，図6-3の三角形と相似形であることは明らかである。つまり長さ v で挟まれた角は $d\theta$ である。よって $d\theta$ の向かいの辺の長さ（これはベクトルでいえば，速度の変化分に他ならないから dv と書いておく）は，

$$dv = v\,d\theta$$

と近似できる。そこで，この瞬間の加速度の大きさ a は，

$$a = \frac{dv}{dt} = v\frac{d\theta}{dt} = v\omega$$

これを r か ω どちらかに統一して表せば，$v=r\omega$ の関係を使って，

$$a = \frac{v^2}{r} \quad \text{あるいは,} \quad a = r\omega^2$$

　加速度の向きは，半径 v の円の接線方向だから，v に直角，すなわち r の方向，それも図から明らかなように円の中心方向である。
　ところで，運動方程式 $m\boldsymbol{a} = \boldsymbol{F}$ より，力の向きは加速度の向きと等しい。よって，等速円運動の場合，力は円の中心方向に働いているということになる。これは，最初に述べた向心力と合致する。また，運動方程式から，向心力の大きさは，

$$F = \frac{mv^2}{r} \quad \text{あるいは,} \quad F = mr\omega^2$$

　蛇足ではあるが，mv^2/r あるいは $mr\omega^2$ という向心力が，重力や糸の張力とは別に存在するわけではない。円錐振り子の例でいえば，円運動を起こさせているじっさいの力は，糸の張力の中心方向成分 S_x である。上で得た結論は，この力 S_x の大きさが，運動方程式 $\boldsymbol{F} = m\boldsymbol{a}$ より，mv^2/r あるいは $mr\omega^2$ でなくてはならない，ということである。

演習問題 6-1 長さ l の軽くて伸び縮みしない糸に質量 m の質点をとりつけ，円錐振り子を作ったところ，糸は鉛直と θ の角度をなして，同一水平面を等速円運動した。このとき，糸の張力の大きさと円運動の角速度の大きさを求めよ。ただし，重力加速度の大きさを g とする。

図 6-5

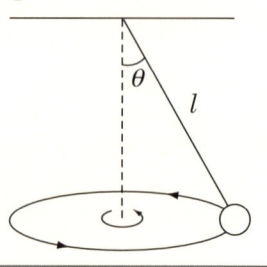

解答 & 解説 糸の張力の大きさを S，角速度の大きさを ω とし，座標軸を下図のようにとると，S の x 成分と y 成分は，それぞれ $S\sin\theta$，$S\cos\theta$ となる。また，円の半径は $l\sin\theta$ であるから，

図 6-6

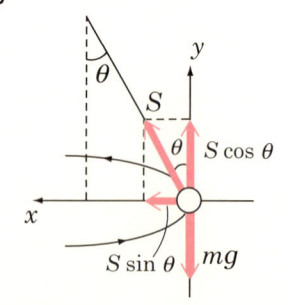

x 方向の運動方程式 ：$m \cdot l\sin\theta \cdot \omega^2 = S\sin\theta$ ……①

y 方向の力のつりあい：$S\cos\theta = mg$ ……②

②より，

$$S = \frac{mg}{\cos\theta} \quad \text{……（答）}$$

①に S の値を代入して，

$$\omega = \sqrt{\frac{g}{l\cos\theta}} \quad \text{……（答）} \qquad \blacklozenge$$

●等速でない円運動

　講義1で，円運動を法線方向と接線方向に分解すると，何かと好都合であることを述べた。じっさい，等速円運動と等速でない円運動を比較するときに，この考え方はきわめて有効である。

図6-7●法線加速度 a_x と接線加速度 a_y

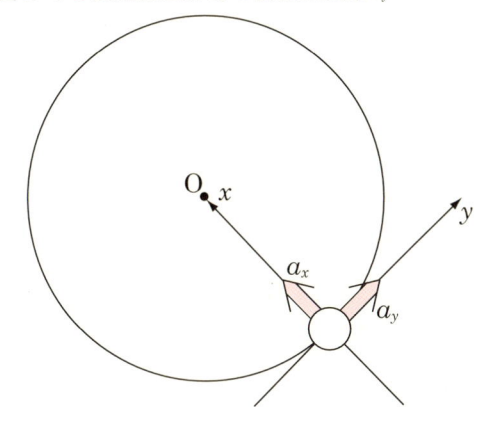

　いま，図のように円の法線方向に x 軸，接線方向に y 軸をとり，法線加速度を a_x，接線加速度を a_y とすれば，法線加速度 a_x については，等速円運動と等速でない円運動で何の違いもない。つまり，等速でない円運動においても，

$$a_x = \frac{v^2}{r} = r\omega^2$$

はつねに成立する(直交座標形においては，x 軸方向と y 軸方向の運動はまったく独立に扱えるから，これは明らかである)。その違いは，要は接線加速度 a_y が0かそうでないかの違いだけである。

実習問題 6-1

長さ r の軽くて伸び縮みしない糸の上端を固定し，下端に質量 m のおもりをつるし，単振り子を作る。おもりが最下点を通過するときの速さが v_0 であるなら，糸が鉛直と θ の角をなすときの次の各量はいくらか。ただし，重力加速度の大きさを g とする。

(1) おもりの速さ。
(2) 法線加速度と接線加速度の大きさ。
(3) 糸の張力の大きさ。

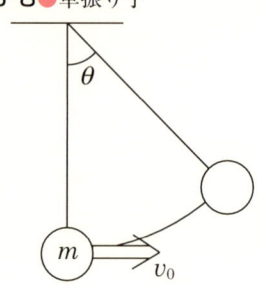

図6-8●単振り子

解答 & 解説 (1) このような問題を解くときには，前回で学んだ力学的エネルギー保存則が威力を発揮する。

図6-9

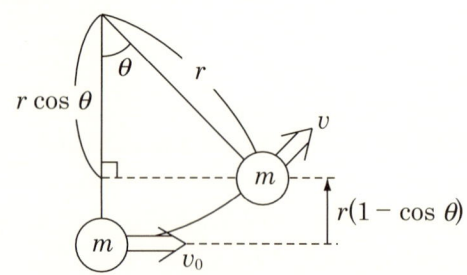

おもりに働く力は，重力と糸の張力である。糸の張力はおもりの移動方向に対してつねに直角であるから仕事をしない。すなわち(重力のする仕事をポテンシャル・エネルギーとして考えれば)，おもりの力学的エネルギーは保存している。図から分かるように，最下点と糸が鉛直と θ の角度をなすときのおもりの高さの差は $r(1-\cos\theta)$ であるから，求めるおもりの速さを v として，

$$\frac{1}{2}mv_0^2 = \frac{1}{2}mv^2 + mgr(1-\cos\theta)$$

$$\therefore \quad v = \boxed{\text{(a)}} \quad \cdots\cdots(\text{答})$$

(2) 法線加速度 a_x は，v が求まれば必然的に，

$$a_x = \frac{v^2}{r} = \boxed{\text{(b)}} \quad \cdots\cdots(\text{答})$$

接線加速度については，接線方向の力を調べればよい。図 6-10 から分かるように，それは重力の接線成分であるから，接線方向の運動方程式は (y 軸を図の方向にとった場合)，

$$ma_y = -mg\sin\theta$$

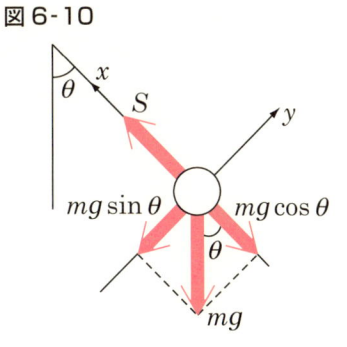

$$\therefore \quad |a_y| = \boxed{\text{(c)}} \quad \cdots\cdots(\text{答})$$

図 6-10

(3) 法線方向 (図の x 方向) の運動方程式を書けば (中心方向が正であることに注意して)，

$$m\frac{v^2}{r} = S - mg\cos\theta$$

(1) で求めた v の値を代入して，S を求めれば，

$$S = \boxed{\text{(d)}} \quad \cdots\cdots(\text{答}) \quad \blacklozenge$$

....

(a) $\sqrt{v_0^2 - 2gr(1-\cos\theta)}$ (b) $\dfrac{v_0^2}{r} - 2g(1-\cos\theta)$ (c) $g\sin\theta$

(d) $\dfrac{mv_0^2}{r} - mg(2 - 3\cos\theta)$

講義 LECTURE 07 単振動（調和振動）

　単振動（調和振動）の代表例は，ばねの振動である。しかし，ばねだけでなく，調和振動は物理のさまざまな面で姿を現す。その理由は，1つには**自然界に存在するさまざまな周期的往復運動は，近似的に単振動で置き換えることができる**からである。たとえば，円運動の実習問題でとりあげた単振り子は，振れの角 θ が小さいときには，単振動として扱うことができる。

　もう1つの理由は，**単振動が波動現象と密接に結びついている**からである。20世紀の量子力学の誕生の発端は，空洞の中に存在する光のエネルギー配分の問題であったが，このとき光は無数の調和振動子の集合として扱われたのである。

●円運動の影としての単振動

　さて，単振動は，数学的には，等速円運動の**影の運動**として表すことができる。

図 7-1 ●単振動は等速円運動の影の運動である

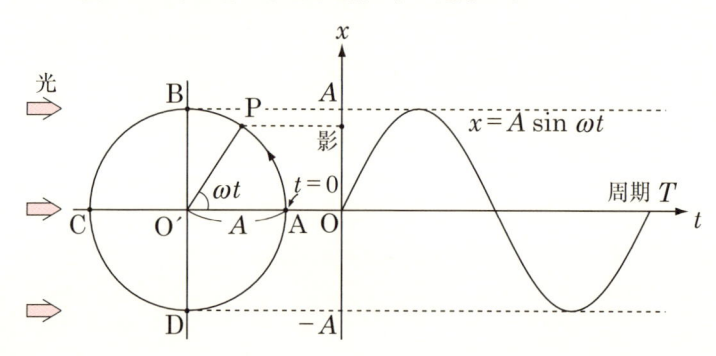

図のように，点O'を中心に半径Aの等速円運動している質点Pを考える。話を分かりやすくするため，質点Pは時刻$t=0$で図の点Aにあり，一定の角速度ωで左回りに回転するものとする。このとき，O'Aに平行な方向からこの質点に光を当て，O'Aと直角な壁に映る質点の影を観測すれば，この影の往復運動こそが単振動に他ならない。

　この場合，時刻0での影の高さは0であるが，そこを原点Oとして図の上方向にx軸をとり，影の高さの時間的変化の様子を描けば，図の右側のサイン・カーブとなるであろう。

$$x = A \sin \omega t$$

　Aは，この単振動の**振幅**と呼ばれる。

●初期位相

　さて，質点が時刻$t=0$でどこにあるか(図の点B, C, D)によって，上の sin の式は，cos，$-\sin$，$-\cos$などいろいろな形で表すことができるだろう。さらには，質点はもっと中途半端な点から動き出すかもしれない。そこで，下図のように，質点は一般に時刻$t=0$において，O'Aとϕの角をなす点にあるとしよう。これを**初期位相**と呼ぶ。

図 7-2●初期位相ϕがあるとき

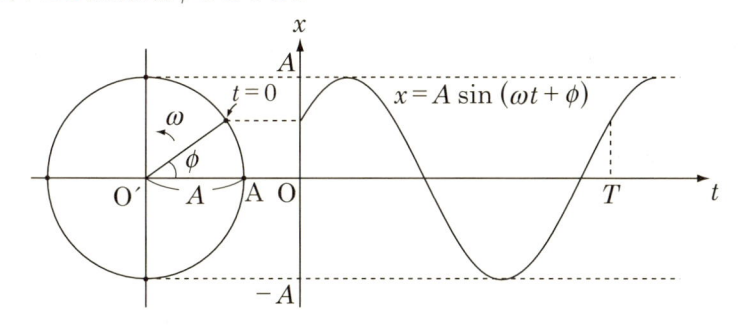

　このとき，影の高さの時間的変化を示すグラフは，図の右側のように中途半端な形になるが，初期位相というものが円運動の円の角度であることを把握しておけば，難なく，

$$x = A \sin(\omega t + \phi)$$

と書くことができる。以降，練習のため単振動の一般式は，すべてこの初期位相 ϕ を加えた形にしておく（ついでにいえば，この形式にしておけば，cos や $-\sin$ といった表現を考える必要がない）。

●周期と角振動数

　質点が円周を 1 回転したとき，その影は往復運動を 1 回してもとの場所に戻ってくるが，この時間を**周期**と呼び，ふつう T で表す。逆に，1 秒間（単位時間）の間に影が何回往復運動をするか，その回数を**振動数**と呼び，ふつう ν で表す。周期 T と振動数 ν の間には，ちょっと考えれば明らかなように，

$$\nu = \frac{1}{T}$$

の関係がある。また等速円運動が 1 秒で 1 回転のとき，角速度 ω は 2π であるから，ν と ω の間には，

$$\omega = 2\pi\nu$$

の関係があることも明らかである。単振動という影の運動の方を考える場合は，ω は角速度と呼ばず，**角振動数**と呼ぶ。いずれにしても，T, ν, ω の関係は，単振動の基本事項として頭に叩き込んでおかなければいけない。

●ばねと単振動

　単振動を「影の運動」と呼んできたが，もちろん現実のモノの運動としても単振動はあるわけである。たとえば，つるまきばねを水平でなめらかな床の上において，一端を固定し，他端におもりをつけて，自然の長さから少し引っ張って手を離せば，おもりはばねの自然の長さを中心にして，左右に対称的な往復運動をするであろう。これは典型的な単振動である。

図 7-3 ● つるまきばねによる単振動

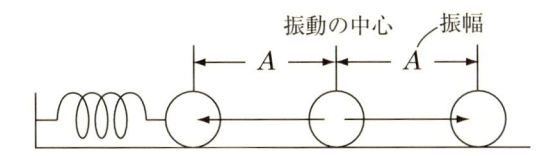

単振動は一直線上の運動であるが，等加速度運動でないことは明らかである。それでは，どんな運動なのか。速度と加速度を求めることによって，それを見てみよう（講義 1，例 2（12 ページ）参照）。

$$x = A \sin(\omega t + \phi)$$

は，いうまでもなく，質点がいつ (t)，どこに (x) あるかの式だから，この式を時間 t で微分すれば，速度が求まる（速度と加速度は，図を描いて求めることもできるが，ここでは微分の威力にあやかることにしよう）。

$$v = \frac{dx}{dt} = A\omega \cos(\omega t + \phi)$$

まず，sin が cos に変わる，すなわち位相が $\frac{\pi}{2}(=90°)$ ずれるということであるが，このことの意味は，下図のように，位置がプラスやマイナスに最大のとき，速度は 0 になり，逆に位置が 0 のとき，速度（速さ）が最大になるということである。

図 7-4 ● 単振動の変位と速さ（位相が $\frac{\pi}{2}$ ずれている）

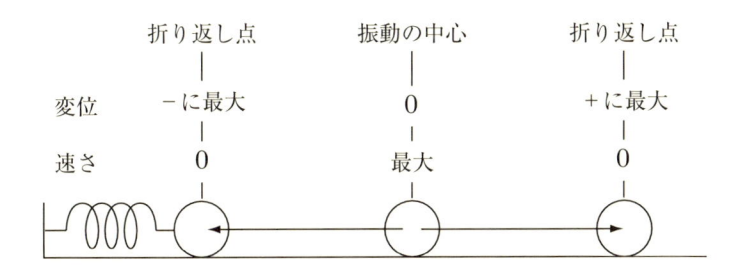

講義07 ● 単振動(調和振動)

さらに、速度の最大値は $A\omega$ であるが、これは等速円運動の速さ $r\omega$ に対応している。単振動を等速円運動の影の運動と考えたとき、原点 O を通過する瞬間の影の速さは、そのまま円運動している質点の速さと同じになっていることは、図 7-1 からもすぐに分かるであろう。

●単振動とフックの法則の関係

さて、速度 v をさらに時間 t で微分して、加速度 a を求めてみよう。

$$a = \frac{dv}{dt} = -A\omega^2 \sin(\omega t + \phi)$$

$A\omega^2$ が円運動の法線加速度 $r\omega^2$ に対応していることは、速度の場合と同じである。さらに、位置の式を 2 回微分したので、位相は位置に対して π ずれる (すなわち $180°$ 逆方向)。つまり加速度の向きは、位置ベクトルとちょうど逆向きである。$A\sin(\omega t + \phi)$ を x と書き換えれば、

$$a = -\omega^2 x$$

単振動をしている質点の質量を m とし、運動方程式からこの質点に働く力 F を求めれば、

$$F = ma = -m\omega^2 x$$

ω はもちろん定数だから、定数 $m\omega^2$ を k と置き換えれば、

$$F = -kx$$

これは、ばねの復元力はばねの伸び (縮み) の長さに比例するというフックの法則に他ならない。k はばね定数である。いずれにしても、こうして、**等速円運動の影の運動とばねの振動が結びつくことになる**。

図 7-5 ●フックの法則。力 F は x と逆向きで $|x|$ に比例する。

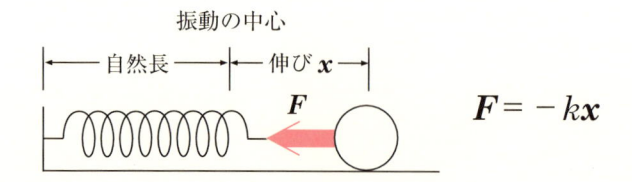

さらに，ばね定数 k が分かっていれば，上の関係から，
$$\omega = \sqrt{\frac{k}{m}}$$
あるいは，周期 T は，
$$T = \frac{1}{\nu} = \frac{2\pi}{\omega} = 2\pi\sqrt{\frac{m}{k}}$$
と表せることになる。

以下に，単振動(調和振動)の基本事項をまとめておく。

位置：$x = A\sin(\omega t + \phi)$

これは，$x = A\cos(\omega t + \psi)$ としても同じである。

加速度：$a = -\omega^2 x$

これはフックの法則 $F = -kx$ と結びつき，

角振動数：$\omega = \sqrt{\frac{k}{m}}$

周　期：$T = 2\pi\sqrt{\frac{m}{k}}$

演習問題 7-1

長さ l の軽くて伸び縮みしない糸の上端を天井に固定し，下端におもりをつけて単振り子を作る。この単振り子の振れの角 θ が小さいとき（$\sin\theta \fallingdotseq \theta$ と近似できるとき），おもりの往復運動は単振動とみなせることを示せ。また，このとき振動の周期は，おもりの重さや振幅にはよらず，糸の長さ l と重力加速度の大きさ g だけで決まることを示せ。

図 7-6

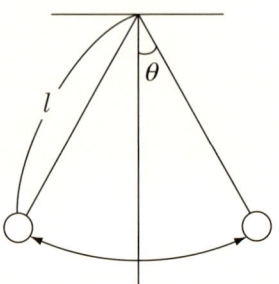

解答 & 解説

図 7-7　　　　　図 7-8

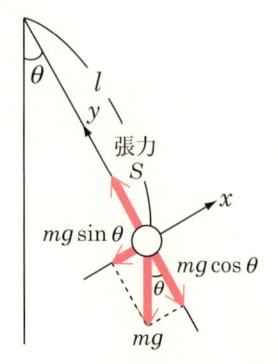

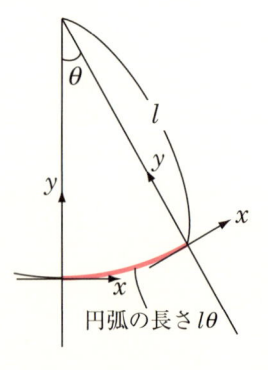

（図中ラベル：θ, l, y, 張力 S, x, $mg\sin\theta$, $mg\cos\theta$, mg, 円弧の長さ $l\theta$）

　糸が鉛直と角 θ をなすときの様子を図に描き，図のように x 軸，y 軸をとる。このように座標軸をとる理由は，講義 6 の円運動のところで学んだ，運動を円の接線方向と法線方向に分けるというテクニックを思い出せば納得できるだろう。本問の場合重要なのは，おもりの x 軸方向の運動である。

　おもりは直線ではなく円弧を描くが，1 次元の運動であることは変わ

りない。それゆえ，角 θ の値によって x 軸の方向は変化するが，x 軸方向の距離としては円弧の長さをとっておけばよいであろう。つまり，図7-8に示したように，振れの角 θ のときの x 軸方向の変位は，$x=l\theta$ としておけばよい。

　x 軸の正方向を図のようにとっておけば，おもりの x 軸方向の運動方程式は，

$$m\frac{d^2x}{dt^2} = -mg\sin\theta$$

となる。ここで，$x=l\theta$，および θ が小さいときの近似式 $\sin\theta \fallingdotseq \theta$ を使えば，

$$ml\frac{d^2\theta}{dt^2} = -mg\theta$$

すなわち，

$$l\frac{d^2\theta}{dt^2} = -g\theta$$

　上式をじっと睨めば，ばねにつながれた質点の単振動との類似に気づくであろう。質量 m の質点がばね定数 k のばねにつながれて単振動するときの運動方程式は，

$$m\frac{d^2x}{dt^2} = -kx$$

　x 軸という直線上の運動が，角 θ で表される円弧になっただけで，あとはまったく同じ形式であるから，単振り子もまた運動としては単振動で表される。それぞれの定数 m, k, l, g を比較すれば，単振動の周期

$$T = 2\pi\sqrt{\frac{m}{k}}$$

に対して，単振り子の周期は，

$$T = 2\pi\sqrt{\frac{l}{g}}$$

となり，g と l だけで決まることが分かる。◆

実習問題 7-1

天井から鉛直に吊り下げられた単振り子の真下を原点 O として，水平面上に直交する座標軸 x, y をとる。この単振り子に，x 軸方向と y 軸方向に同時に振動を与えたところ，それぞれの方向に次のような単振動をした。

$$x = a \sin(\omega t + \phi_1)$$
$$y = b \sin(\omega t + \phi_2) \quad (\text{ただし，} a, b, \omega \text{ は正の定数とする})$$

(1) $\phi_1 = 0$, $\phi_2 = 0$ のとき，おもりは水平面上にどのような図形を描くか。

(2) $\phi_1 = 0$, $\phi_2 = \dfrac{\pi}{2}$ のとき，おもりは水平面上にどのような図形を描くか。

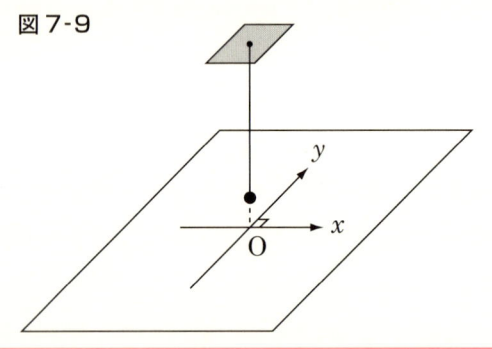

図 7-9

解答 & 解説 単振動の 2 次元の組み合わせである。解き方としては，2 つの式から時間 t を消去し，x-y 平面上の軌跡を求めるという，単純な数式処理だけであるが，初期位相 ϕ の値によっていろいろな図形ができ上がるところが面白い。

(1) $\phi_1 = 0$, $\phi_2 = 0$ より，

$$x = a \sin \omega t$$
$$y = b \sin \omega t$$

2 式より $\sin \omega t$ は簡単に消去できて，

$$y = \boxed{\text{(a)}} \quad (-a \leq x \leq a)$$

すなわち，原点を通る $\boxed{\text{(b)}}$ である (図 7-10)。

図 7-10

(2) $\phi_1 = 0$, $\phi_2 = \dfrac{\pi}{2}$ より，

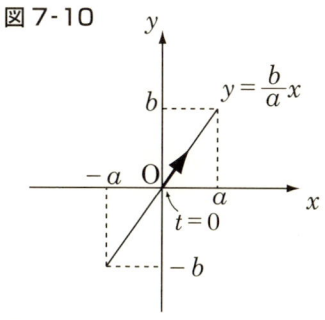

$$x = a \sin \omega t$$
$$y = b \sin \left(\omega t + \dfrac{\pi}{2}\right) = b \cos \omega t$$

$\sin \theta$ と $\cos \theta$ から変数 θ を消去するには，$\sin^2 \theta + \cos^2 \theta = 1$ を使えばよい。すなわち，

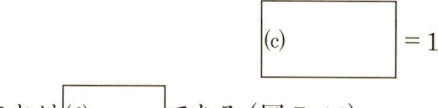

$$\boxed{\text{(c)}} = 1$$

これは $\boxed{\text{(d)}}$ である（図 7-11）。

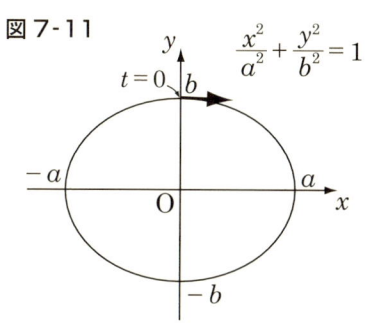

図 7-11

一般に，直交する 2 つの単振動の組み合わせによってできる図形は，リサージュ図形と呼ばれる。◆

2 つの単振動の角振動数 ω_1 と ω_2 が異なる場合，その比が有理数のときは，運動は周期的な閉曲線（ある周期でふたたびもとの運動に戻る）となる（図 7-12 参照）が，無理数のときはそうならない。

(a) $\dfrac{b}{a}x$ (b) 直線 (c) $\dfrac{x^2}{a^2} + \dfrac{y^2}{b^2}$ (d) 楕円

図7-12

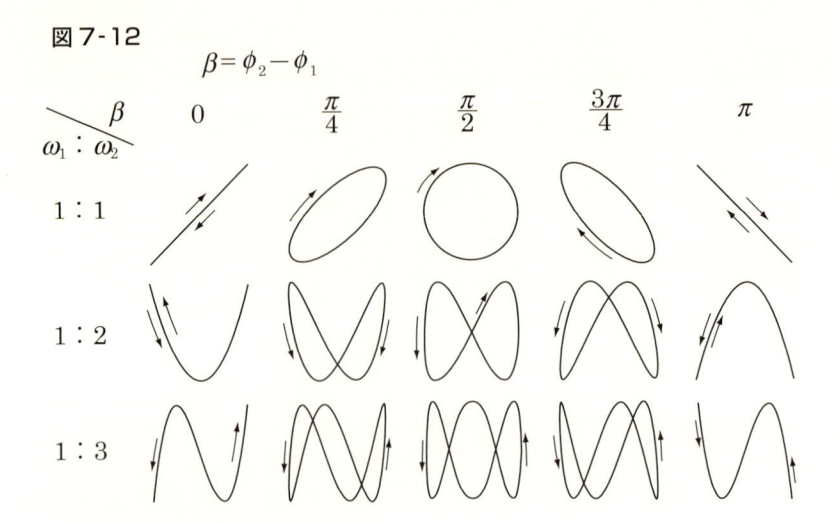

$\omega_1:\omega_2$ \ $\beta=\phi_2-\phi_1$	0	$\dfrac{\pi}{4}$	$\dfrac{\pi}{2}$	$\dfrac{3\pi}{4}$	π
1:1					
1:2					
1:3					

●単振動の弾性エネルギー

　講義5で見たように,質点に働く力がある決まった形のポテンシャルの傾きで表せるような場合,その力は保存力と呼ばれ,いちいち仕事を計算しなくても,それは位置エネルギーとして折り込めることを学んだ。そこで,単振動をしている質点に働く力(代表はばねの力)は,保存力であるかどうか,またそうであるとすればそのポテンシャルはどのような形になるかを調べてみよう。

　まず,自然長から x だけ伸びたばねが,まっすぐ自然長にまで縮むとき,ばねにとりつけられた質点がばねからされる仕事を計算してみる。

図7-13●ばねのする仕事 $dU = kx \cdot dx$

単振動は 1 次元の運動だから，重力によって質点が鉛直方向に落下する場合とよく似ているが，力の大きさは一定ではなく，ばねの自然長からの伸びに比例する kx という大きさである。そこで，自然長からの伸びが x の点で，質点が微小距離 $\mathrm{d}x$ だけ動くとき，ばねからなされる微小な仕事は，$\mathrm{d}U = kx \cdot \mathrm{d}x$ であるから，全体の仕事は，

$$U = \int_0^x kx\, \mathrm{d}x = \left[\frac{1}{2}kx^2\right]_0^x = \frac{1}{2}kx^2$$

　この仕事が経路によらないことは容易に証明できる (1 次元の運動だから，別の経路といっても，ばねをさらに伸ばしてから縮めるとか，動きを分割するとかしかない) が，逆にこのような形のポテンシャルがあるとしてみよう。これは図に描けば放物線である。

　力はこのポテンシャルの傾きであるから (マイナスの記号には深い意味はないが，そうしておいた方が，力が中心方向に向かう引力であることを直感的に理解しやすい)，

$$F = -\frac{\mathrm{d}U}{\mathrm{d}x} = -kx$$

図 7-14 ● 単振動のポテンシャル

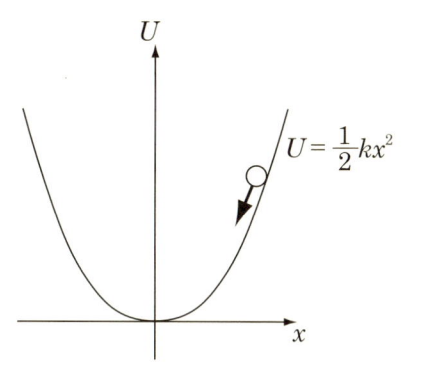

$U = \frac{1}{2}kx^2$

となって，たしかにフックの法則が導かれる。そこで，

$$U = \frac{1}{2}kx^2$$

を，**ばねの弾性エネルギー**と呼び，それをばねのみならず単振動 (調和振動) する系のポテンシャル・エネルギーとみなすのである。

　保存力とポテンシャルの関係は，数学的には対等である。現実に見えるのは力であって，そこから人間が勝手にポテンシャルというものを「創造」しているだけなのかもしれない。あるいは逆に，ポテンシャルという本質的な実在があって，その結果，物体はその「斜面」を滑り落ちる。その現象を人間は力と感じているのかもしれない。どちらが真実なのかは分からないが，現代物理学では後者の考え方が俗な言葉でいえば流行なのである。

講義 LECTURE 08 減衰振動と強制振動

　前回の単振動(調和振動)の話は，高校物理の守備範囲である。今回は，もうちょっと高級なことをやってみよう。つまり大学レベルの物理学である(とはいえ，大学レベルとしては初級だが)。それは少しムズカシイということではあるが，逆にいえばオモシロイということでもある。小学校あるいは中学校で，xを使った方程式にはじめて出会ったとき，ムズカシイけれど新鮮なオモシロサというものを感じなかっただろうか。今回やることは，それに似ている。すなわち，キミは一段高級な数学に遭遇するのである。

　さて，現実に我々が目にするばねや単振り子は，純粋な調和振動ではない。じっと見ていると，振動はやがて減衰していって止まってしまう。こういう振動は，数学的にはどのように記述できるのか。これが今回のテーマである。

　しかし，そのためにはちょっとした数学的準備が必要である。

●微分方程式を解くということ

　講義2でやった等加速度運動をもう1度思い起こしてほしい。加速度は，いうまでもなく位置xを時間tで2回微分したものであるから，その値が一定の値aであるとすると，

$$\frac{d^2 x}{dt^2} = a$$

上式をtで2回積分すれば，等加速度運動の公式，

$$x = \frac{1}{2}at^2 + v_0 t + x_0$$

が求まる。

最初の式は，未知数がxで微分記号を含んでいるので，こういう式を微分方程式と呼ぶ(少々仰々しいが)。そして，下の公式はxが微分記号を含まずに求まっているから，微分方程式の解ということになる。2回の積分の手続きが，微分方程式を解くということである。さらに，解の中に2つの定数v_0, x_0が出てくるのは，積分を2回おこなった，言い換えれば最初の式が2階微分の式だからである。

　たとえば，最初の方程式の解は，$\frac{1}{2}at^2$でもよい。しかし，それは可能な等加速度運動のすべてを表してはいない。そこで，$\frac{1}{2}at^2$のような解は**特殊解**という。それに対して，

$$x = \frac{1}{2}at^2 + v_0 t + x_0$$

と書いておけば，これでどんな等加速度運動でも，v_0とx_0に適当な値を入れることによって表すことができる。そういう意味で，このような解を**一般解**という。上で述べたことから分かるように，**2階の微分方程式の一般解には，必ず積分定数が2つ含まれる**。

　同じことを調和振動に適用してみよう。調和振動の運動方程式は，

$$m\frac{d^2 x}{dt^2} = -kx$$

であるが，(表現を簡略化するため)$k/m = \omega^2$と書き換えて移項すれば，

$$\frac{d^2 x}{dt^2} + \omega^2 x = 0$$

こうなると，これは立派な**2階微分方程式**である。

　さて，この微分方程式の解が，

$$x = A\cos(\omega t + \phi)$$

と書ける(講義7では，$\sin(\omega t + \phi)$としたが，以降はさしたる理由はないが，$\cos(\omega t + \phi)$としておく)ことを，我々はもう知っているわけであるが，なぜそうなるかというと，$\cos$を2回微分すると，うまい具合に$\cos \to -\sin \to -\cos$ともとに戻るからである(なおかつ符号がマイナスになり，ωtの微分によってω^2が外に出て，ぴったり，上の2階微分方程式を満たす)。

ついでにいえば，この解は積分定数を，A と ϕ の2つ含んでいるので，一般解である。

この一般解は，もちろん $x = A \sin(\omega t + \psi)$ と書いてもよい。さらに，今後の学習のために重要なことをいっておけば，一般解は，

$$x = C_1 \sin \omega t + C_2 \cos \omega t$$

と書くこともできる(sinやcosだけの解と見た目は違うが，中身は同じであることは，簡単な計算で証明できる)。sinとcosは位相が90°ずれている(このような関係を，直交するという)。そこで知っておいて損はない数学的事実は，2階線形微分方程式においては，「直交する2つの特殊解 x_1 と x_2 が求まっているとき，その一般解は，C_1, C_2 を積分定数として，$x = C_1 x_1 + C_2 x_2$ と書ける」ということである。

それではいよいよ，減衰していく振動について考えよう。

●速さに比例する抵抗力

振動が減衰していくということは，何らかの抵抗力が働いているということである。抵抗力というのは，重力などと違って原因が複雑である。たとえば，床の上を滑る物体には動摩擦力という抵抗力が働く。これは動摩擦係数 μ と面からの垂直抗力 N で決まり，一定の力 μN で表すということになってはいるが，厳密にはよく分からないしろものである。

図8-1 ●動摩擦力は物体の速さによらず一定であるが，
空気抵抗は物体が速くなればなるほど大きくなる。

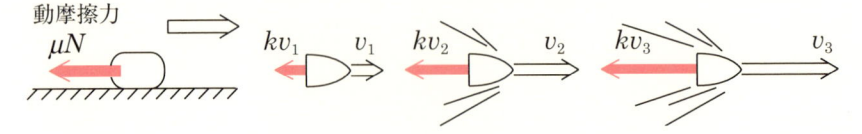

力学ではもう1つ，空気抵抗というものがよく登場する。これは動摩擦力と違って，経験的に速く動けば動くほど強くなってくる(歩いているときより走っているときの方が，空気の抵抗は大きい。また車で飛ばせばもっと大きくなる)。そこで，こうした抵抗力は物体の速さに比例するとしよう。

問 速さに比例する空気抵抗を受けながら，空中を自由落下する物体は，最終的に等速度運動をすることを定性的に説明せよ．

解答 重力のもとで自由落下する物体は，加速度 g の等加速度をする．つまり初速度 0 から次第に速度を増す．しかし空気抵抗があると，速度の増加に応じて抵抗力が増し，その分，加速がにぶくなる．その結果，物体の運動はどこかで加速度 0，つまり等加速度になる．このとき，物体に働く重力と空気抵抗は同じ大きさになり，物体に働く力の合計は 0 になっている．いったん等速運動が実現されると，空気抵抗はもはや変化しない（なぜなら，空気抵抗は速さに比例するのだから）．よって，その後，物体は重力と抵抗力がつりあったまま，等速度運動をつづける．

スカイダイバーが，かなり長い間，空中でパフォーマンスできるのも，この抵抗力のおかげである．もし，加速度 g で落下しつづければ，きわめて短時間で地上に激突してしまうであろう．

さて，速さに比例する抵抗力が，ばねにつけられた物体に働いている場合を考えてみよう．

抵抗力の比例定数を k' とすると，運動方程式は，

$$m\frac{d^2x}{dt^2} = -kx - k'v$$

$k/m = \omega^2$, $k'/m = 2\lambda$（たんに λ ではなく，2λ とする理由は，あとで登場する式を簡略にするためであって，本質的なことではない）とおき，$v = dx/dt$ として書き換えれば，

$$\frac{d^2x}{dt^2} + 2\lambda\frac{dx}{dt} + \omega^2 x = 0$$

（ただし，λ は正の定数である．そうでないと抵抗力にならない．）

ここからは物理ではなく数学（計算）である．このあたりまでくると，数式を使わないで，すべて直感的に物理現象を把握するというのは難しくなってくる．逆に微積分に慣れておくと，微分方程式の形を見て，現象が直感的に分かるようになるのである．ぜひとも微積分に親近感をもって頂きたい．

上の方程式の解は，単純に sin や cos で表すことはできない。なぜなら，dx/dt の項は，sin を cos に，cos を $-$sin にしてしまうため，調和振動のときのようにうまくはいかないからである。

図 8-2 ● sin と cos は微分すると位相が $\frac{\pi}{2}$ ずつずれていくが，指数関数 e は微分しても変わらない。

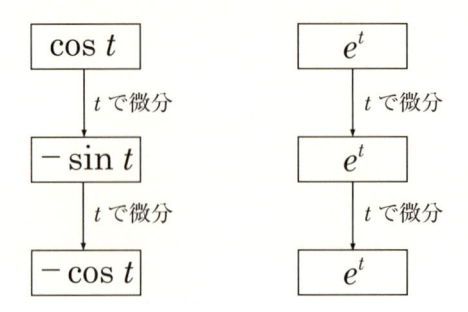

```
┌─────────┐          ┌─────────┐
│  cos t  │          │   e^t   │
└─────────┘          └─────────┘
   │ t で微分            │ t で微分
   ▼                     ▼
┌─────────┐          ┌─────────┐
│ − sin t │          │   e^t   │
└─────────┘          └─────────┘
   │ t で微分            │ t で微分
   ▼                     ▼
┌─────────┐          ┌─────────┐
│ − cos t │          │   e^t   │
└─────────┘          └─────────┘
```

　そこで話は必然的に，指数関数 e^t を使おうということになってくるのである。指数関数 e^t の最大の特徴は，微分したものが自分自身になり，変わらないという点である (付録参照)。すなわち，

$$\frac{d}{dt}e^t = e^t$$

　たしかに，e^t を用いると，上の微分方程式のすべての項が e^t でくくれるので，都合がよさそうである。ただし，いくら何でもそのまま e^t では解にならないから，$x = e^{pt}$ とおいて，p がどんな値なら解になるかを検討してみよう。$x = e^{pt}$ を微分方程式に代入し，すべての項に出てくる e^{pt} を消してしまえば，

$$p^2 + 2\lambda p + \omega^2 = 0$$

これは p に関する単純な 2 次方程式だから，その解は，

$$p = -\lambda \pm \sqrt{\lambda^2 - \omega^2}$$

この解が物理的に何を意味するかを考えてみよう。もし，$\lambda = 0$ なら，それは抵抗力がない場合であるから，調和振動の解となるはずである。このとき，ルートの中は負だから，虚数単位 i を用いると，

$$p = \pm i\omega$$

すなわち，微分方程式の(特殊)解は，

$$x = e^{\pm i\omega t}$$

となる。付録にあるように，$e^{i\theta} = \cos\theta + i\sin\theta$ だから，その実数部分だけをとれば，これは $\cos\omega t$ と同じである。虚数 i が出てくるので何か面倒なような気がするが，大学の物理においては，調和振動や波を表現するのに，sin, cos よりも e を用いる方がふつうである。その理由は，抵抗力のある場合でも解けるといったように，何かと便利だからである。しかしそれだけではなく，量子力学の世界では，虚数自身が便宜的なものではなく，実在の本質と関わってくるため，$e^{i\omega t}$ の表現はますます有用になるのである。

● $e^{-\lambda' t}$ は過減衰

さて，抵抗力 λ がある場合である。

もし λ が十分大きくて，p の解のルートの中が正であるなら，p は実数であり，かつ負となることは明らかであろう (λ はつねに $\sqrt{\lambda^2 - \omega^2}$ より大きい)。

図 8-3● $e^{i\omega t}$ は振動するが，$e^{-\lambda' t}$ は急激に減衰する。

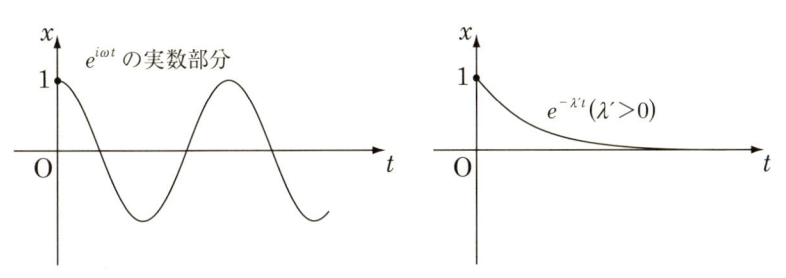

$e^{-\lambda' t}$ ($\lambda' > 0$) は，図に示したように，時間とともに急激に(指数関数的に)減衰するグラフである。つまり，あまりに抵抗力が大きい場合，物体は振動するいとまもなく，あっという間に減衰してしまう。このような状態を**過減衰**と呼ぶ。

> **演習問題 8-1**
> 上に述べてきた減衰振動について、$\lambda < \omega$ の場合、どのような振動が生じるか。定性的に(厳密な証明を必要としない)その様子を述べ、概略をグラフに描け。

解答 & 解説 $\omega' = \sqrt{\omega^2 - \lambda^2}$ とおくと、上の2次方程式の解は、

$$p = -\lambda \pm i\omega'$$

となる。ここで直感的に分かることは、$\pm i\omega'$ の項は、調和振動の解と同じである(ただし、抵抗力のないときの調和振動に比べて、角振動数が ω から ω' に少し小さくなっている)。そこで、いうまでもなく、

$$e^{(-\lambda \pm i\omega')t} = e^{-\lambda t} \times e^{\pm i\omega' t}$$

であるから、調和振動の部分の解をかりに $A\cos(\omega' t + \phi)$ としておけば、

$$x = Ae^{-\lambda t}\cos(\omega' t + \phi)$$

これは、角振動数 ω' で振動する調和振動に、$e^{-\lambda t}$ で急激に減衰する項が掛け合わされたものである。グラフに描けば、下図のようになるであろう。

図 8-4 ● $Ae^{-\lambda t}\cos(\omega' t + \phi)$ は、振動しながら減衰する。

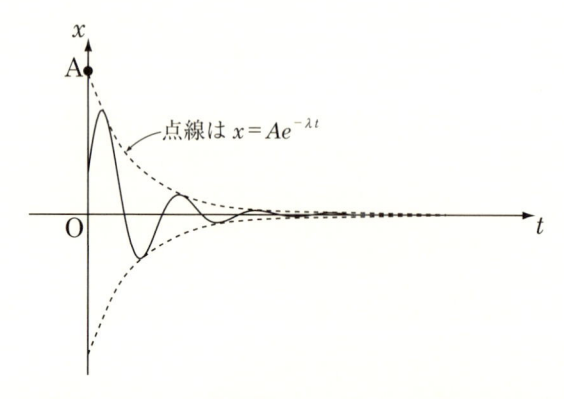

ここでは一般解を厳密には求めなかったが、それは難しいからではない。大事なのは物理的直感であって、数学的手法をくどくど述べると繁雑になるからである。意欲ある諸君は、簡単な微分方程式のテキストを読んで勉強して頂きたい。◆

● **強制振動**

今度は，抵抗力だけでなく，調和振動している物体に，外部から強制的に別の振動を与える場合を考察してみよう。もともとの調和振動の角振動数を ω_0 とし，それに対して $F\cos\omega t$ という強制力が加わった運動方程式を考える。

$$m\frac{d^2x}{dt^2} = -kx - k'v + F\cos\omega t$$

m で割って移項すれば，

$$\frac{d^2x}{dt^2} + 2\lambda\frac{dx}{dt} + \omega_0^2 x = \frac{F}{m}\cos\omega t$$

この微分方程式をそのまま解くのは容易ではないが，ここでも直感を働かそう。左辺は減衰振動であるから，角振動数 ω_0 のもともとの振動は，時間がたてばほとんどなくなってしまうはずである。ということは，最終的なこの系の振動は，角振動数 ω の外から加わる振動に振動数を合わせることとなるだろう。そういう推察のもとに，次ページの問題に挑戦してみてほしい。

■ **公式 $a\sin\theta + b\cos\theta = \sqrt{a^2+b^2}\sin(\theta+\psi)$ の図による理解**

等速円運動の影の考え方から，下左図のように，sin は横軸正方向，cos は縦軸正方向のベクトルであるとみなす。そうすると，$a\sin\theta$ は横軸正方向に a 倍，$b\cos\theta$ は縦軸正方向に b 倍したベクトルであるから，その合成ベクトルは下右図のようになるであろう。このベクトルの長さは，図より $\sqrt{a^2+b^2}$ であり，その sin 軸となす角 ψ は，$\tan\psi = b/a$ を満たすであろう。

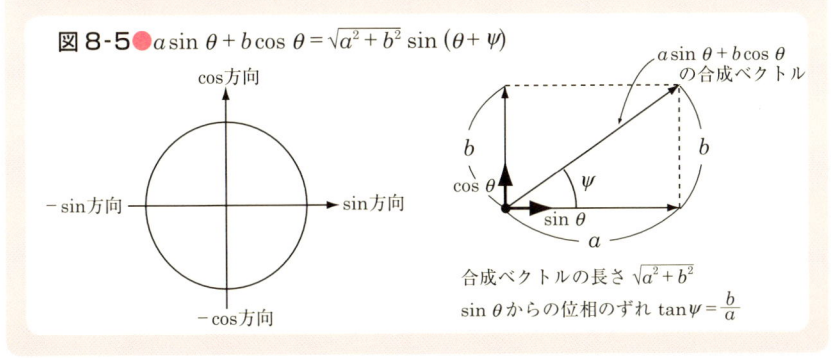

図8-5 ● $a\sin\theta + b\cos\theta = \sqrt{a^2+b^2}\sin(\theta+\psi)$

合成ベクトルの長さ $\sqrt{a^2+b^2}$
sin θ からの位相のずれ $\tan\psi = \frac{b}{a}$

> **実習問題 8-1**
>
> 上に掲げた強制振動の微分方程式の解を，かりに，
>
> $$x = A\cos(\omega t - \phi)$$
>
> とおく。このとき，A と ϕ の値はどのような値になるか。また，振幅 A はどのようなときに最大になるか。

解答 & 解説 $x = A\cos(\omega t - \phi)$ を，上の微分方程式に代入する（位相のずれを $-\phi$ にしてあるのは，強制的に加えられる振動に比べ，系の振動は遅れるだろうということを織り込んでのことである）と，

$$A\{(\omega_0^2 - \omega^2)\cos(\omega t - \phi) - 2\lambda\omega\sin(\omega t - \phi)\} = \frac{F}{m}\cos\omega t$$

ここで，三角関数の公式，

$$a\cos\theta - b\sin\theta = \sqrt{a^2 + b^2}\cos(\theta + \psi)$$

$$\tan\psi = \frac{b}{a}$$

を使おう（この公式は高校の数学でも出てくるが，丸暗記などしなくても前ページのコラムのように図形的に導くことができる）。

図 8-6 ● $a\cos\theta - b\sin\theta = \sqrt{a^2+b^2}\cos(\theta + \psi)$

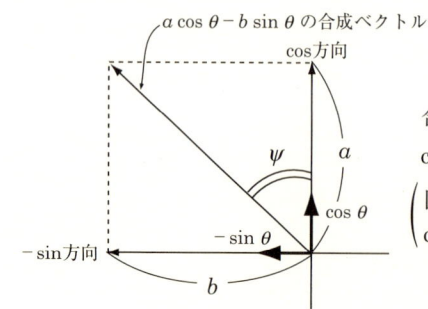

合成ベクトルの長さ $\sqrt{a^2 + b^2}$
$\cos\theta$ からの位相のずれ $\tan\psi = \frac{b}{a}$

（図 8-5 との違いは，$\sin\theta + \cos\theta$ が，$\cos\theta - \sin\theta$ となっただけ。）

$$A\sqrt{(\omega_0^2 - \omega^2)^2 + 4\lambda^2\omega^2}\cos(\omega t - \phi + \psi) = \frac{F}{m}\cos\omega t$$

よって，式の左辺と右辺が一致するためには，

$$A = \boxed{\text{(a)}}$$

また，$\cos(\omega t - \phi + \psi) = \cos\omega t$ が成立するためには，$\phi = \psi$ でなけれ

ばならないが，その値は，

$$\tan\phi = \boxed{(b)}$$

ϕ は，強制的に加えられた振動に対する系の振動の位相の遅れである。上の結果から分かるように，もし $\omega = \omega_0$ であるなら，位相は $\pi/2$，すなわち，1/4 周期遅れることになる。

次に A の最大値を求めてみよう。

そのためには，A の式の分母が最小になる場合であるから，分母のルートの中を ω^2 の関数として，微分して 0 の場合を求めればよい（分かりやすく計算するには，$\omega^2 = W$ とすれば，ルートの中は W の 2 次式，すなわち放物線のグラフとなる）。その結果は，

$$\omega^2 = \boxed{(c)} \qquad \blacklozenge$$

抵抗力が非常に小さいときは，$\omega = \omega_0$ となる。もともとの調和振動の周期と強制的な振動の周期が一致すれば，そのときの振幅は非常に大きくなるであろう。ブランコを，その振れの周期と同じタイミングで押せば，振れがどんどん大きくなるのは，その 1 例である。

このように強制振動が加わった結果，振幅が非常に大きくなる現象を，**共鳴**あるいは**共振**と呼び，電気回路や弦の振動，あるいは上のブランコなど，物理のさまざまな分野で見られるものである。

念のため述べておくが，上で求めた強制振動の解は一般解ではない。A と ϕ が積分定数のように見えるが，それらは ω_0 や ω，λ といった最初から与えられた値によって決定されるから，任意定数ではない。それゆえ，この例題では，強制振動の特殊解だけを求めたのである。これらの一般解，あるいは抵抗力がない場合の強制振動の解などについては，より詳しいテキストを参考にしてほしい。

....

(a) $\dfrac{\frac{F}{m}}{\sqrt{(\omega_0^2 - \omega^2)^2 + 4\lambda^2 \omega^2}}$ (b) $\dfrac{2\lambda\omega}{\omega_0^2 - \omega^2}$ (c) $\omega_0^2 - 2\lambda^2$

LECTURE 09 万有引力

　ニュートンの創り上げた力学の土台は，一言でいってしまえば，「**運動の法則**と**万有引力の法則**」の2つの法則に尽きる。運動の法則，すなわち運動方程式は，物体に働く力さえ分かれば，その物体がどんな運動をするかを完璧に記述する。それでは，物体に働く力にはどんなものがあるかといえば，たくさんあるように見えて，じつはほとんどすべての力は，物体同士が接触することによって互いに及ぼし合う力なのである。衝突の衝撃力，摩擦力，垂直抗力，糸の張力など，どれも接触する相手から受ける力である。接触しないでも働く力というものは，存在するのだろうか。そんなものがあるとすれば，それは念力のような力ではないのか。

　ニュートン自身になったつもりで考えてみよう。当時の自然哲学の大きなテーマは惑星の運動であったが，それに関してはヨハネス・ケプラーが完璧な答えを出していた。それは次のようなものであった。

ケプラーの法則

第1法則　惑星は太陽を1つの焦点とする楕円軌道を描く。
第2法則　太陽と惑星を結ぶ直線が一定時間に通過する面積は，その惑星が軌道上のどの位置にあってもつねに等しい(面積速度一定)。
第3法則　惑星の公転周期の2乗は惑星の描く楕円の長径の3乗に比例し，その比例定数はすべての惑星について同じである。

図9-1(a) ●[第2法則]惑星と太陽を結ぶ直線が一定時間に通過する面積は等しい。

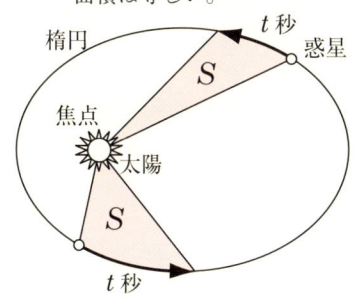

図9-1(b) ●[第3法則] $\dfrac{T_1^2}{a_1^3} = \dfrac{T_2^2}{a_2^3} = $ 一定

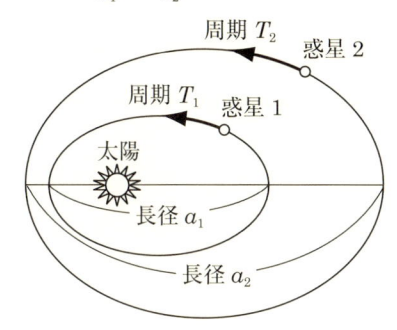

　自然法則は単純であるという信念からすると，ケプラーの法則はいささか複雑すぎる。しかしそれはともかく，惑星が楕円軌道を描くということは，惑星にはつねに何らかの力が働いているということを示している(なぜなら，慣性の法則より，力が働いていなければ惑星は等速直線運動をするはずだから)。プトレマイオスの周転円のような透明板でもないかぎり，天空上の惑星に接触しているものは何もないから，この惑星に働く力は遠隔力，すなわちまさに念力のような力でなくてはならない。ニュートンは，ケプラーの法則からこの遠隔力がどのようなものなのかを求めようとしたのである。

　ケプラーの法則から直接，万有引力の法則を導く方法は，数学的にやや複雑なので，より本格的な力学のテキストに譲るとして，ここではもう少し簡略化した方法で，惑星に働く「未知なる遠隔力」を求めてみることにしよう。

惑星が円軌道ではなく楕円軌道を描くという発見は，ケプラーにしてはじめてなしえたことである。コペルニクスは地動説によって，まさに「コペルニクス的転回」をやってのけたのであるが，それでも惑星は円軌道を描くという思い込みから脱却できなかった。神様が創るものは，美しく調和に満ちていなければならない（いま風にいえば，自然法則はシンプルで美しくなければならない）。そういう信念からすれば，惑星の軌道は楕円などといういびつなものではなく，真円でなければならなかったのである。

　じっさい惑星の軌道はほとんど円であった。しかし，ティコ・ブラーエがおこなった精密な観測データを手にしたケプラーは，わずかではあるが明らかに円からのずれがあることを認めざるをえなかった。当時知られていた4つの惑星（金星，火星，木星，土星）の中でもっとも円軌道からのずれが大きかったのは火星であるが，たとえば直径10センチメートル程度の円をコンパスで描いたとき，火星の軌道は描かれた鉛筆の線の太さの中に十分おさまってしまう程度のずれでしかなかった。新しい科学の発見というのは，凡人なら見過ごしてしまうほどのわずかな「ずれ」に気づくことからはじまるのである。

　というわけで，ここでは惑星は円軌道を描いているという近似的な前提のもとに推論を進めてみよう（おそらく，ニュートンも最初はそういう計算をやったであろう）。

演習問題 9-1 惑星が(静止している)太陽のまわりを円軌道を描いて運動していると仮定して，ケプラーの3つの法則から，太陽と惑星の間に働く「遠隔」力は次のような形に書けることを示せ。

$$F = G\frac{Mm}{r^2}$$

ただし，M は太陽の質量，m は惑星の質量，r は太陽と惑星の間の距離，G は個々の惑星の運動や太陽の質量などとは無関係な比例定数である。

解答 & 解説 ケプラーの第2法則(面積速度一定)より，もし惑星の運動が円であるなら，それは等速円運動であることは明らかである。等速円運動の場合，講義1で見たように，惑星に働く力は円の中心方向に向かう向心力だけである(接線方向の力が0であるこのような力を，**中心力**と呼ぶ)。

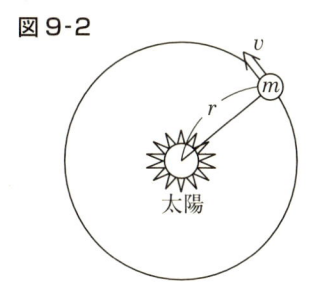

図 9-2

さて，この力の大きさ F は，惑星の質量を m，太陽と惑星の間の距離を r，惑星の速さを v として，円運動の運動方程式より，

$$F = \frac{mv^2}{r}$$

と書ける。

ここでケプラーの第3法則を使うために，惑星の速さ v を惑星の周期 T に置き換える。円周の長さはいうまでもなく $2\pi r$ であるから，$vT = 2\pi r$ の関係を上式に代入すれば，

$$F = \frac{m}{r}\left(\frac{2\pi r}{T}\right)^2 = \frac{4\pi^2 mr}{T^2}$$

講義09 ● 万有引力 **97**

第3法則の楕円の長径は，この場合，円の直径であるから，第3法則は次のように書ける．

$$\frac{T^2}{(2r)^3} = 一定$$

これを比例定数を適当に k として書き換えれば，

$$T^2 = kr^3$$

であるから，F の式に代入して，$4\pi^2/k$ をあらためて α とでもおけば，

$$F = \alpha \frac{m}{r^2}$$

　ここで，α は第3法則から出てくる定数であるから，個々の惑星にはよらない定数(すなわち太陽系の惑星ならすべてに通用する定数)であることに注意しておこう．

　この式は，質量 m の惑星が太陽から受ける「遠隔」力は，自分自身の質量 m に比例しているということを意味している．自分の質量が2倍になれば，受ける力も2倍になるということである．ところで，作用・反作用の法則より，これと同じ大きさの力を太陽は惑星から受けるが，太陽と惑星の関係は(太陽の質量が巨大なため，円の中心でほとんど動かないという仮定はしているが)，完全に対称的であるべきである．そこで太陽の立場に立てば，自分が(惑星から)受ける力は自分自身の質量 M に比例するということになるであろう．よって，上の式の比例定数 α は，M を含んでいるはずである．その M をくくりだした残りの定数部分を G とすると，けっきょく，

$$F = G\frac{Mm}{r^2}$$

となる．G は，M にも m にも r にもよらない定数，すなわち普遍的な定数ということになる(とはいえ，G が時間とともに変化したりせず，また宇宙空間の場所によって異なったりしないという保証はどこにもないのだが)．◆

このようにしてニュートンは，ケプラーの法則から万有引力の法則を導き出した．導き出された式を見れば，ケプラーの法則の複雑さにもかかわらず，きわめて単純明快である（やはり神は美と調和を好むようである）．万有引力が互いの質量に比例することは十分納得できる．r^2という逆2乗則はどうかというと，これは万有引力が遠隔力ではなく，何かの接触による「近接」力ではないかという想像をさせる．

図 9-3● 球対称に放出される粒子の密度は，$4\pi r^2$ に反比例する．

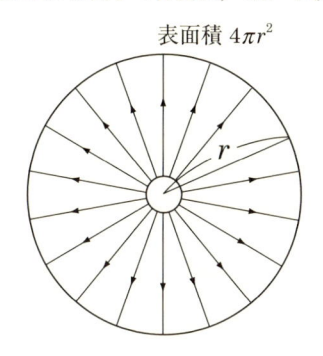

表面積 $4\pi r^2$

というのは，もし図のように質量が存在するところから何か微小な粒子がたくさん放出されており，この粒子が別の質量と相互作用をするのだとすると，その力の大きさは，別の質量がある場所を通過する粒子の個数（密度）に比例するであろう．もしこの粒子の放出が球対称であるなら，中心の質量から半径 r の距離での粒子の密度は，半径 r の球殻の表面積 $4\pi r^2$ に反比例するはずである．こうして万有引力の法則は，我々の自然法則に対する直感的理解と一致するのである．

ところで，万有引力定数 G の値は，約 $6.67 \times 10^{-11}\,[\mathrm{m^3/kg \cdot s^2}]$ である．メートル，キログラム，秒を用いるSI単位系は我々の日常的尺度を基準としたものであるが，そのSI単位系で測ると万有引力定数はいかに小さなものかが分かるであろう．たとえば，1メートル離れた2つの1キログラムの鉄の塊同士がお互いに引き合う万有引力は，わずか 0.0000000000667 ニュートンにすぎない．万有引力は，太陽や惑星といった巨大な天体の存在があってはじめて我々の目に見えてくる力なのである．

図9-4 ●月の運動もリンゴの落下も原因は同じ。

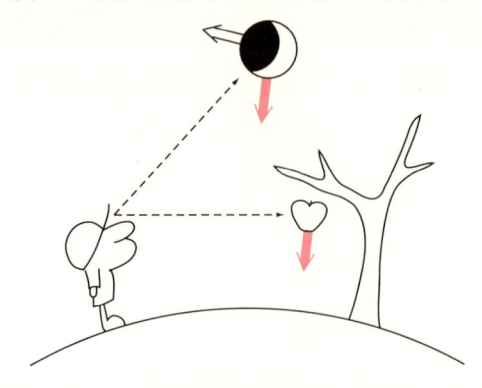

　講義3の放物運動などこれまでに扱った地上の物体に働く重力は，もちろん地球という天体がその物体に及ぼしている万有引力である。ニュートンによる「コペルニクス的」発見は，天体である月の運動も，地上のリンゴの落下運動も，ともに同じ法則にしたがう現象だということであった。

　問　重力加速度 g を，万有引力定数 G，地球の質量 M，地球の半径 R を用いて表せ。ただし，地球は球形で，地上の物体が地球から受ける万有引力は，地球の全質量が地球の中心にあると考えてよい。

　解答　地上にある質量 m の物体が地球から受ける万有引力は（地球と物体との距離が R とみなせるから），

$$G\frac{Mm}{R^2}$$

である。この力が重力 mg に他ならないから，

$$G\frac{Mm}{R^2} = mg$$
$$\therefore\ g = \frac{GM}{R^2}$$

じっさい，G, M, R の数値を代入すると，$g = 9.8[\text{m/s}^2]$ となる。

　万有引力は中心力であると，演習問題9-1の中で述べた。詳しくいうと，中心力とは，質点が受ける力の方向が，つねに力の源である質点の方向（あるいは逆方向）を向いているような力のことである。たとえば，

1次元のばねの力もまた中心力である。それに対して，摩擦力は力の向きが質点の運動によって変わるから，中心力とはいえない。

さて，中心力は保存力である。なぜかというと，中心力という性質から，質点の微小な移動を考えたとき，力は経路によらずつねに同じ大きさで同じ方向だから，重力による仕事を求めたのと同じ手法(56ページ)で，仕事は経路によらないことが明らかだからである(図9-5)。

図 9-5 ● 微小な移動 A→C と A→B→C で，中心力 F がする仕事は同じ。

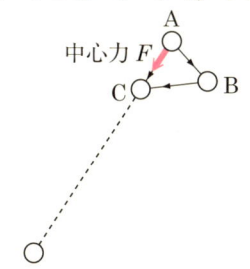

そこで，万有引力にはポテンシャル・エネルギーがあることになる(地上の物体がもつ重力のポテンシャルは，いうまでもなく万有引力のポテンシャルの「局地版」である)。力はポテンシャルの傾き(微分)であったから，ポテンシャルを求めるには，力を距離で積分すればよい。それを U とすると，

$$U = \int G \frac{Mm}{r^2} \, dr = -G \frac{Mm}{r} + C$$

C は積分定数であるが，重力のポテンシャルと同じく，基準点をどこにしても支障はないから，$C=0$(すなわち $r=\infty$ を基準点)とする。そうすると，

$$U = -G \frac{Mm}{r}$$

これを2次元的に描けば，図9-6のようになる。すなわち，双曲面をもつすり鉢の形状である。すり鉢の中でパチンコ玉を回転させるようなイメージを描けば，惑星や人工衛星の動きが直感的にイメージできるであろう。これがポテンシャルというものを導入する利点である。

図9-6 ● 万有引力のポテンシャルはすり鉢のイメージ。

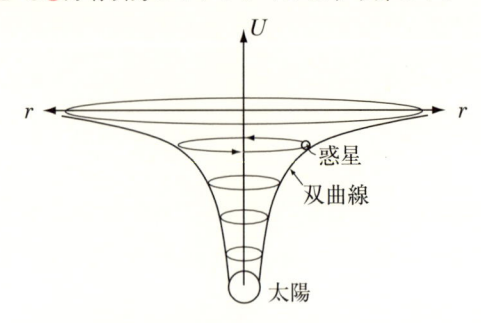

ついでにいえば、ポテンシャルにマイナスがついているのにはさしたる意味はないが、その方が力の中心に向かって物体が引きつけられているというイメージがしやすい。もし斥力であればプラスの「富士山型」ポテンシャルとなる (符号が同じ点電荷同士の静電気の斥力は、そのような形になる)。

我々がじっさいにいる空間は、3次元の拡がりをもっているから、これらの「すり鉢」や「富士山」を絵に描くことはできない。想像力をたくましくする他ない。

問 地上において、高さ h にある質量 m の物体のポテンシャル・エネルギーが mgh と書けることを、上の万有引力のポテンシャルから示せ。

解答

図9-7 ● 地上とは $h \ll R$ のことである。

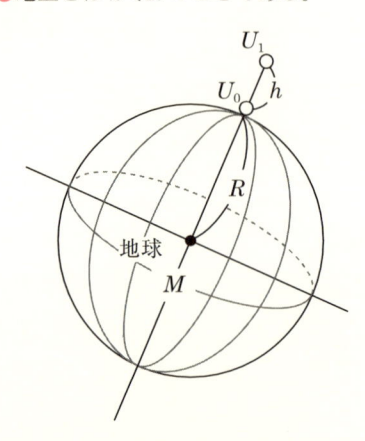

図のように，地上における万有引力のポテンシャルを U_0，地上から高さ h の位置の万有引力のポテンシャルを U_1 とする。ただし，h は地球の半径 R に比べて非常に小さい。そうすると，U_0 を基準としたときの U_1 のポテンシャル・エネルギーは，

$$U_1 - U_0 = -G\frac{Mm}{R+h} - \left(-G\frac{Mm}{R}\right)$$

$$= -GMm\left(\frac{1}{R+h} - \frac{1}{R}\right) = \frac{GMmh}{R(R+h)}$$

ここで，h が R に比べて十分小さいことを考慮すれば，分母は R^2 と近似できるから，

$$= \frac{GMmh}{R^2}$$

100 ページの問より GM/R^2 は，重力加速度 g に他ならないから，

$$= mgh \qquad\qquad ◆$$

実習問題 9-1

地球の周囲を，近地点が地球の中心から r_1 の距離，遠地点が地球の中心から r_2 の距離で楕円軌道を描いて飛んでいる人工衛星がある。

(1) この人工衛星の，近地点と遠地点における速さ v_1 と v_2 を求めよ。

(2) この人工衛星が，遠地点で軌道の接線方向に燃料を噴射して速度を増し，半径 r_2 の円軌道に移るためには，速度を何倍にしなければならないか。

(3) (2)と同じ条件で，この人工衛星が地球から無限のかなたに遠ざかるためには，速度を少なくとも何倍にしなければならないか。

ただし，地球の質量を M，人工衛星の質量を m，万有引力定数を G とし，燃料の噴射による人工衛星の質量の減少は無視できるものとする。

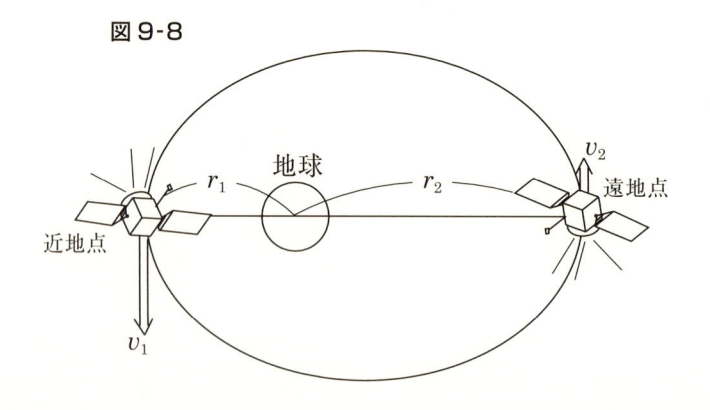

図 9-8

解答 & 解説 力学の問題を解く場合の一般論として，重要なことを確認しておこう。1つの解法は，運動方程式を直接解く方法である。これはふつう，微分方程式を解かなければならないから，計算が面倒なことが多い。それに対してもう1つの有力な方法は，保存則を利用することである。エネルギー保存則，運動量保存則は，微分方程式をすでに積分した結果なので，計算がたやすい。

(1) 本問では，ケプラーの第2法則を用いるが，これは次回で詳しく検討する**角運動量保存則**であって，力学的エネルギー保存則，運動量

保存則，角運動量保存則の3つは，力学におけるもっとも重要な保存則である。

図9-9 2つの直角三角形の面積は等しい。

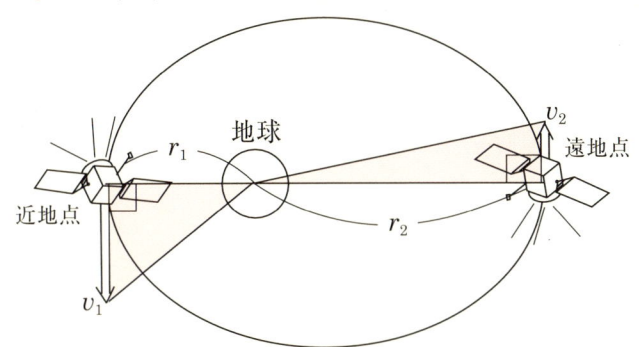

図から明らかなように，近地点，遠地点においては人工衛星の飛翔方向は，地球(の中心)と人工衛星を結ぶ動径方向に直角になっている。そこでそれぞれの点を通過する瞬間の面積速度は，図の直角三角形の面積となるであろう。そこでケプラーの第2法則は，次のように書ける。

$$\frac{1}{2}r_1v_1 = \frac{1}{2}r_2v_2 \quad \cdots\cdots ①$$

一方，力学的エネルギー保存則は，位置エネルギーとして万有引力のポテンシャルを用いて，次のように書ける。

$$\frac{1}{2}mv_1^2 - G\frac{Mm}{r_1} = \frac{1}{2}mv_2^2 - G\frac{Mm}{r_2} \quad \cdots\cdots ②$$

未知数が v_1 と v_2 の2つで，式が2つあるから，これは高校，いや中学レベルの連立方程式である。

①，②より，

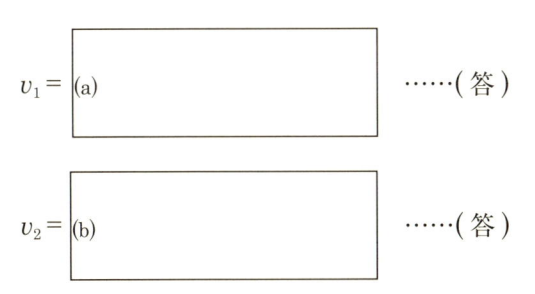

$$v_1 = \boxed{\text{(a)}} \quad \cdots\cdots(答)$$

$$v_2 = \boxed{\text{(b)}} \quad \cdots\cdots(答)$$

(2) 人工衛星が半径 r_2 の円軌道を描くときの運動方程式は，講義１の円運動の運動方程式の中心方向の力を万有引力であるとし，そのときの人工衛星の速さを v_3 として，

$$\frac{mv_3^2}{r_2} = G\frac{Mm}{r_2^2}$$

$$\therefore \quad v_3 = \sqrt{\frac{GM}{r_2}}$$

図9-10● 円軌道なら円運動の運動方程式。

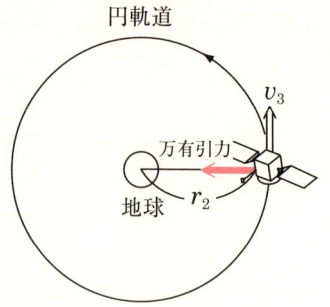

よって，

$$\frac{v_3}{v_2} = \boxed{(c) \qquad\qquad} \quad \cdots\cdots(答)$$

(3) 人工衛星が無限のかなたに遠ざかるとき，すり鉢型ポテンシャルをかぎりなく上ることになる。すなわち人工衛星のポテンシャル・エネルギーはかぎりなく０に近づく。最終的に無限のかなたまでおこなってしまえば，人工衛星の速さは０となってもかまわないから，このとき人工衛星のもつ全力学的エネルギーは０である。

図9-11● 無限遠で $U=0$。

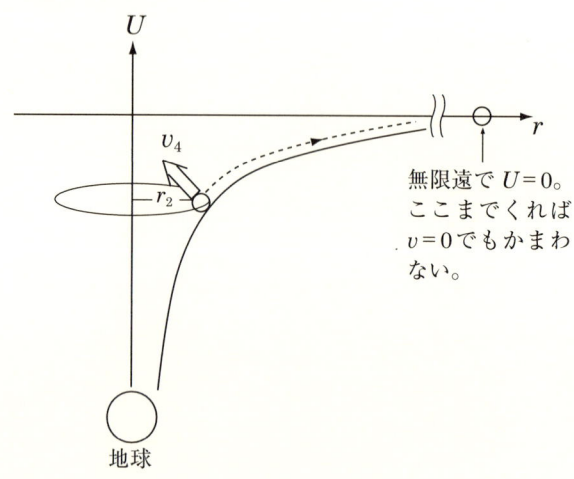

すなわち，人工衛星が無限のかなたまで遠ざかる条件は，

$$\text{運動エネルギー} + \text{ポテンシャル・エネルギー} \geqq 0$$

であるが，最小限，運動エネルギー＋ポテンシャル・エネルギー＝0 なら無限のかなたまで遠ざかれることになる。よって，遠地点での人工衛星の求める速さを v_4 とすれば，

$$\frac{1}{2}mv_4{}^2 - G\frac{Mm}{r_2} = 0$$

$$\therefore \quad v_4 = \sqrt{\frac{2GM}{r_2}}$$

よって，

$$\frac{v_4}{v_2} = \boxed{\text{(d)}} \qquad \cdots\cdots(\text{答})$$

◆

(a) $\sqrt{2GM\dfrac{r_2}{r_1(r_1+r_2)}}$ (b) $\sqrt{2GM\dfrac{r_1}{r_2(r_1+r_2)}}$ (c) $\sqrt{\dfrac{r_1+r_2}{2r_1}}$ (d) $\sqrt{\dfrac{r_1+r_2}{r_1}}$

講義 LECTURE 10 角運動量保存則

ニュートンの運動方程式,

$$\frac{\mathrm{d}(m\bm{v})}{\mathrm{d}t} = \bm{F}$$

は，1つの質点に働く力とその質点のもつ運動量の関係を端的に表している。しかし，この宇宙は1つの質点だけから成り立っているわけではない。質点は3次元の空間の中にあり，この質点に力が働くということは，別の質点がどこかにあるということである。そこで我々は，拡がりのある空間に複数の質点がある場合(これを**質点系**という)や，無数の質点が互いに相対的な位置を変えずにある大きさをもって集まったもの，要するにかたい物体(これを**剛体**という)などのことを考えなければならなくなる。

図10-1● 大きさがあると，力がつりあっていても，物体は静止しないことがある。

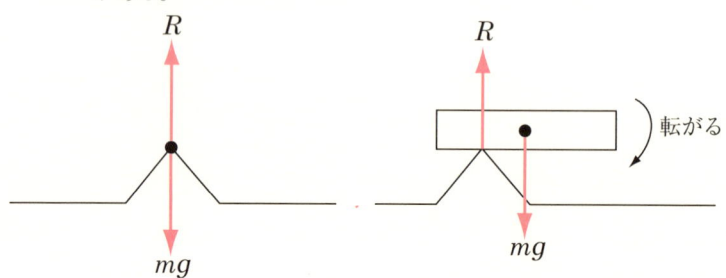

たとえば，図のように尖った山の先端に載った質点と剛体を考えてみよう。質点に働く重力と山の先端から受ける垂直抗力がつりあっていれば，この質点は静止しつづける。しかし，剛体の場合，たとえ重力と垂直抗力がつりあっていても(大きさが同じで向きが逆でも)，静止しないで山から転がり落ちることは明らかである。つまり，大きさのある物

体(あるいは質点系)では，力のつりあいだけが静止の条件ではない。その理由は，質点ではなく拡がりのある物体では，「回転」という運動が生じるからである。これから話題にする**力のモーメント**(トルクともいう)や**角運動量**という物理量は，すべてこの回転にまつわるものである。

●力のモーメント

まず,「回転力」とでも呼ぶべきものを定義してみよう。経験的に我々はテコの原理を知っている。

図10-2●腕が長いと釘は容易に抜ける。

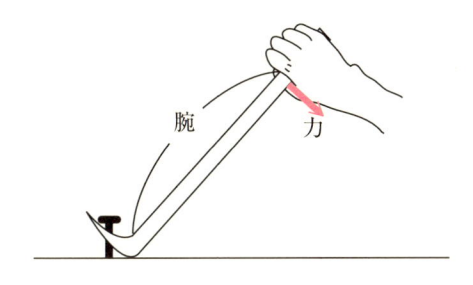

支点からの距離(腕の長さ)が長ければ，小さな力でも釘を抜くことができる。つまり「回転力」は，力の大きさだけでなく腕の長さにも比例する。そこで，まず，

$$\text{「回転力」} = \text{力}F \times \text{腕の長さ}r$$

としよう。さらに，回転には回転軸があり，その向きが違えば，たとえ$F \times r$の大きさが同じでも，違った回転であることはもちろんである。そこで「回転力」をベクトルとみなし，そのベクトルの向きは(便宜的ではあるが)，回転軸の方向で，かつ，図10-3のように(右)ねじをひねったときにねじが進む方向とする。

図 10-3 ● r から F の方向にねじをひねる。

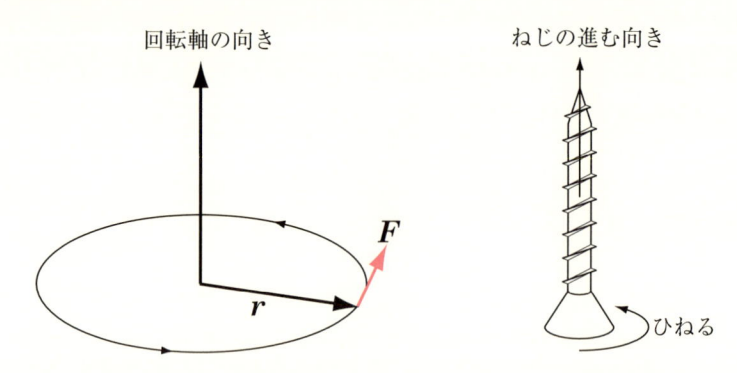

さらに，力 F が腕 r と直角でない場合，とうぜん「回転力」は落ちてくる。図 10-4 のように，r と F のなす角を θ としたとき，$F\sin\theta$ は回転に効くが，$F\cos\theta$ は回転に効かないからである。

図 10-4 ●「回転力」は $F\sin\theta$ で効いてくる。

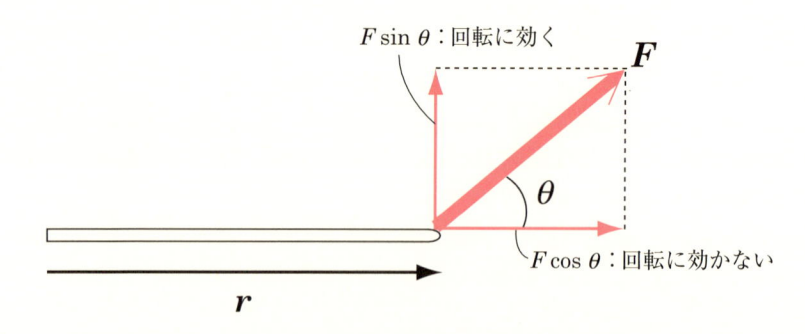

以上をまとめると，「ある点 O のまわりの力 F のモーメント」(以下，「回転力」という表現はやめて，このように呼ぶ) を次のように定義することができるだろう。

点 O から力 F の始点に向いた位置ベクトルを r としたとき，力のモーメント N は，

$$N = r \times F$$

ただし，この記号(×)は，ベクトル N の向きがベクトル r からベクトル F の方向へ(右)ねじを回したときにねじが進む方向であり，ベクトル N の大きさは，r と F のなす角を θ として，$rF\sin\theta$ であることを意味する。

●ベクトル積

このように定義されたベクトルを，数学的にはベクトル積と呼ぶ。なぜこのようなベクトルを定義したのかという物理的な要請を知らずに，たんなる数学的知識としてベクトル積を学ぶと，いささか無味乾燥な感じがする。物理で用いる数学にはすべて上のような具体的，合理的要請があるのである(仕事の定義として用いたベクトルのスカラー積もまたそうであった)。

さて以上のようなことをふまえた上で，一般的にベクトル a とベクトル b のベクトル積，c の性質を考えてみよう。

図10-5●$ab\sin\theta$ は平行四辺形の面積，あるいは a と b の作る三角形の面積の2倍。

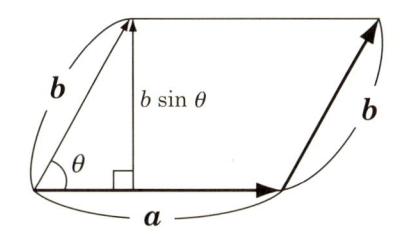

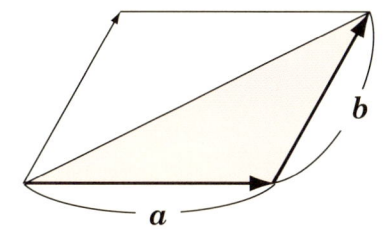

図から明らかなように，c の大きさ $ab\sin\theta$ は，a と b を2辺とする平行四辺形の面積である。それと同じことであるが，a と b が作る三角形の面積の2倍である。そして，三角形の面積といえば，前回のケプラーの第2法則で登場した面積速度というものを思い起こさせる。もちろん，ケプラーの法則の面積速度は，力のモーメントとは別物ではあるが，ケプラーの第2法則が，惑星の回転，すなわちベクトル積に関する何かであろうという想像はできるわけである。

ついでに覚えておきたいベクトル積の，簡単ではあるが重要な性質は，同一ベクトルのベクトル積である。

問 任意のベクトルを a として，$a \times a = a \times (-a) = 0$ であることを示せ。

この問題について，「$\sin 0° = 0$ だから」というのは答案としては間違いではないが，やはり「棒を棒の方向に押しても引いても回転しない」というイメージの方が，物理的センスはよろしい。

図10-6●棒は，棒の方向に押しても引いても回転しない。

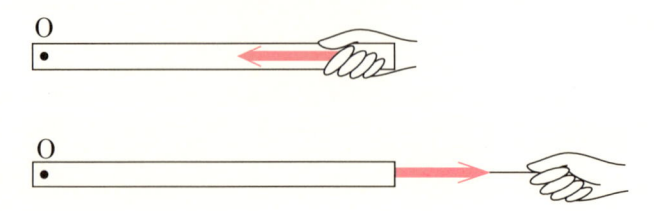

ついでにもう1つ。

問 任意の2つのベクトルを a, b として，$a \times b = -b \times a$ であることを示せ。

解答 a から b へねじをひねるのと，b から a へねじをひねるのでは，明らかに回転の方向が逆である。すなわち，ねじが進む方向は逆であるから，ベクトル積の向きはとうぜん逆向きになる。

ベクトル積では，掛け算の順序に注意しなければならない。スカラー積のように，$3 \times 5 = 5 \times 3$ というようにはいかないのである。

●回転の運動方程式

さて，講義の冒頭に戻って，剛体や質点系の「回転」というものに関する運動方程式は，どう書けるかということを考えてみよう。それには，質点の運動方程式，

$$\frac{\mathrm{d}(m\boldsymbol{v})}{\mathrm{d}t} = \boldsymbol{F}$$

の右辺をモーメント $\boldsymbol{r} \times \boldsymbol{F}$ に変えればよさそうである。そこで，両辺に左から $\boldsymbol{r}$ を掛ける(順序を間違えないように)。

$$r \times \frac{\mathrm{d}(m v)}{\mathrm{d}t} = r \times F$$

　右辺はもちろん，力のモーメントであるが，左辺は何であろう？　あまりすっきりした形ではないので，一工夫することにする。できれば，左辺全体が何かの微分であるとよい。そこで，強引ではあるが，$r \times m v$という量を考えて，左辺が，

$$\frac{\mathrm{d}(r \times m v)}{\mathrm{d}t}$$

という形にならないか調べてみる。簡単な掛け算の微分公式（付録参照）から，上式は，

$$r \times \frac{\mathrm{d}(m v)}{\mathrm{d}t} + \frac{\mathrm{d}r}{\mathrm{d}t} \times (m v)$$

となるが，$\mathrm{d}r/\mathrm{d}t$ は速度 v のことであるから，第2項は，

$$v \times m v = m(v \times v)$$

となって，0である！　すなわち，

$$r \times \frac{\mathrm{d}(m v)}{\mathrm{d}t} = \frac{\mathrm{d}(r \times m v)}{\mathrm{d}t}$$

とうまい具合になってくれる。この $r \times m v$ なる量のことを，**角運動量**と呼ぶ。もう少し正確にいうと，「ある点Oを基準にして，位置 r にあり，速度 v で動いている質量 m の質点が点Oに関してもつ角運動量」である。

　式を簡明にするため，またいろいろな記号に慣れてもらうため，運動量 $m v$ を p と書き，また角運動量を L と書くことにすると，

$$r \times m v \equiv r \times p \equiv L$$

また，力のモーメント $r \times F$ を N と書けば，けっきょく，

$$\frac{\mathrm{d}L}{\mathrm{d}t} = N$$

という簡単な式になる。これは質点の運動方程式 $\mathrm{d}p/\mathrm{d}t = F$ の「回転版」といってよいであろう。言葉でいえば，「力は運動量を変化させる」に対応して，

> 力のモーメントは角運動量を変化させる。

●角運動量保存則

問 中心力のみによって運動している質点の角運動量は保存することを示せ。また、ケプラーの第2法則は、角運動量保存則に他ならないことを示せ。

解答 中心力は、力の源である点と質点を結ぶ直線とつねに同じ方向を向いているから、回転に寄与しない。すなわち中心力のモーメントはつねに0である。よって、回転の運動方程式において $N=0$ だから、$dL/dt=0$。時間変化が0ということは、L が変化しない、すなわち角運動量が保存するということである。

万有引力は中心力であるから、角運動量保存則が成立する。よって、太陽と惑星を結ぶ位置ベクトルを r、惑星の質量を m、惑星の速度ベクトルを v とすれば、

$$r \times mv = 一定$$

図10-7 ●中心力では、角運動量保存則(面積速度一定)が成立する。

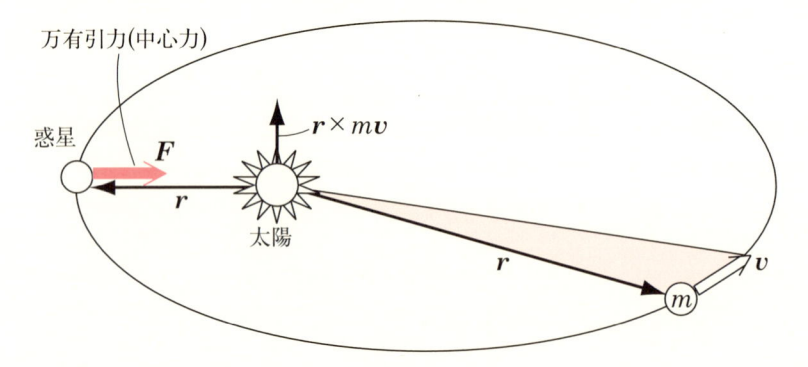

ある惑星に着目すれば、m は定数であるから、$r \times v=$ 一定。ゆえにもちろん、$\frac{1}{2}r \times v=$ 一定。このベクトル積の大きさは、r と v が作る三角形の面積に他ならないから、角運動量保存則と面積速度一定は、同じことを表している(面積速度一定は、回転軸の向きについては表立って何も言及していないが、惑星がつねに同一平面内を運動することは、暗黙のうちに仮定されているとしてよいであろう)。

問 太陽系の惑星は，どれもほぼ同じ面内を同じ方向に公転している。また，地球はこうした公転の周期よりはるかに速く自転している。こうした公転や自転はなぜ生じたのか。また径が小さい天体系ほど速く回転するのはなぜか。天体に働く力は(天体同士の衝突を除けば)ほとんど万有引力だけであるということから説明せよ。

解答 惑星系を形成することになる星間ガスの集団は，おそらく最初から全体として0でない角運動量 L をもっているであろう。存在する力が中心力である万有引力だけだとすると，この L は保存される。これらのガスの集団が互いに衝突をくりかえしながら均一化されてくると，一定の0でない角運動量 L は，一様な回転運動として見えてくるであろう。太陽系の惑星が，どれもほぼ同じ面内を同じ方向に公転しているのは，そのせいである(もちろん，互いの衝突によって逆方向の回転が生じないわけではないが，その確率は低い)。

こうしたガスの集団が万有引力によって互いに近づき，全体の大きさが小さくなってくると「腕」の長さ r が短くなるから，角運動量 $L = r \times mv$ を保存させるためには v を大きくするしかない。そこで径が小さい天体系ほど速く回転することになる。

演習問題 10-1

直交座標系 xyz の，x, y, z 軸方向の単位ベクトル（長さ1のベクトル）を i, j, k とすると，任意のベクトル a は，その座標軸の成分を a_x, a_y, a_z として，

$$a = a_x i + a_y j + a_z k$$

と書ける。また，ベクトル積の定義より，$i \times i = 0$, $i \times j = k$, $i \times k = -j$, …などが成立する。このことを使って，2つのベクトル $a(a_x, a_y, a_z)$ と $b(b_x, b_y, b_z)$ のベクトル積の x, y, z 成分を，$a_x, a_y, a_z, b_x, b_y, b_z$ を用いて表せ。

ただし，$a \times (b+c) = a \times b + a \times c$ などの分配則は，ベクトル積の場合にも成立する。

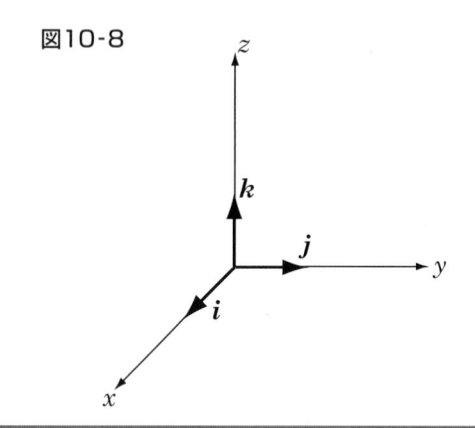

図10-8

解答 & 解説 この問題は，物理ではなく数学の問題である。数学を使いこなせればこなせるほど，物理のイメージも豊かになる。有名な物理学者，リチャード・ファインマンは，難解な微分方程式の形を見ただけで，それがどういう物理現象に適用できるものか即座にイメージできたという。その結果，面倒な計算をしなくても，方程式の解が導けたそうである。雑談はさておき，計算練習も物理の勉強には必要ということである。

$$a = a_x i + a_y j + a_z k$$
$$b = b_x i + b_y j + b_z k$$

とすると，

$$\begin{aligned}
\boldsymbol{a} \times \boldsymbol{b} &= (a_x\boldsymbol{i} + a_y\boldsymbol{j} + a_z\boldsymbol{k}) \times (b_x\boldsymbol{i} + b_y\boldsymbol{j} + b_z\boldsymbol{k}) \\
&= a_x\boldsymbol{i} \times b_x\boldsymbol{i} + a_x\boldsymbol{i} \times b_y\boldsymbol{j} + a_x\boldsymbol{i} \times b_z\boldsymbol{k} \\
&\quad + a_y\boldsymbol{j} \times b_x\boldsymbol{i} + a_y\boldsymbol{j} \times b_y\boldsymbol{j} + a_y\boldsymbol{j} \times b_z\boldsymbol{k} \\
&\quad + a_z\boldsymbol{k} \times b_x\boldsymbol{i} + a_z\boldsymbol{k} \times b_y\boldsymbol{j} + a_z\boldsymbol{k} \times b_z\boldsymbol{k}
\end{aligned}$$

ここで，$\boldsymbol{i} \times \boldsymbol{i} = 0$, $\boldsymbol{i} \times \boldsymbol{j} = \boldsymbol{k}$, $\boldsymbol{i} \times \boldsymbol{k} = -\boldsymbol{j}$, …などを用いると，

$$\begin{aligned}
&= a_x b_y \boldsymbol{k} - a_x b_z \boldsymbol{j} - a_y b_x \boldsymbol{k} + a_y b_z \boldsymbol{i} + a_z b_x \boldsymbol{j} - a_z b_y \boldsymbol{i} \\
&= (a_y b_z - a_z b_y)\boldsymbol{i} + (a_z b_x - a_x b_z)\boldsymbol{j} + (a_x b_y - a_y b_x)\boldsymbol{k}
\end{aligned}$$

よって，$\boldsymbol{a} \times \boldsymbol{b}$ の x, y, z 成分は，それぞれ，

$$a_y b_z - a_z b_y, \quad a_z b_x - a_x b_z, \quad a_x b_y - a_y b_x \quad \cdots\cdots(\text{答})$$

と書ける。記号や符号が規則的に並んでいるので，見た目ほど複雑ではない。比較的容易に覚えられるであろう。◆

講義 LECTURE 11 慣性力

　今回は，これまでの運動の法則とは少し趣を異にして，ものの運動の見え方ということを考えてみよう。もう少し分かりやすくいうと，座標系が変わればものの動きはどう見えるか，という話である。

　これまでは，暗黙のうちに，物体の運動を見ている我々は静止していると仮定してきた。しかし，少し考えてみれば明らかなことだが，自分が（まわりの世界に対して）静止しているなどということを証明することはできない。太陽は毎日，空を動いているように見えるが，じつは動いているのは我々である。それでは，太陽は静止しているのかといえば，銀河系の中心に対して回転している。その銀河系もまた，無数の銀河団の中の1つの銀河として運動している。宇宙空間の中に絶対静止している物体というものを考えることは，ニュートン力学や相対論を否定する考え方である（科学の否定とまではいえないが）。

　とりあえず，自分に対して静止している1つの座標系Aをとる。そして，この座標系Aに対し，一定の速度v_0で等速直線運動している座標系A′を考える。もちろん，この座標系A′に飛び乗ってみれば，座標系Aは速度$-v_0$で等速直線運動して見える。AとA′のどちらが静止し，どちらが動いているかと問うことは，冒頭に述べたように無意味である。

図11-1 ●座標系Aに対して等速運動する座標系A′。

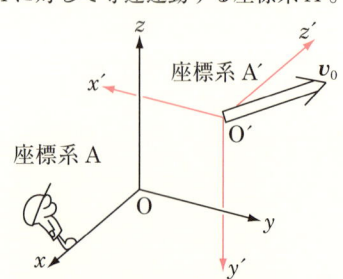

さて，AとA'ではモノの運動がどう違って見えるだろうか。

もちろん，モノの位置や速度は違って見える。

ある質量 m の質点 P が，座標系 A で測って $r(t)$ の位置にあるとする。一般的にいって，この質点は A に対して運動しており，時間 t の関数である(いつ，どこにあるかの式)。ひょっとすると何かの力 F が働いていて，加速度運動しているかもしれない。この質点がニュートンの運動の法則を満しているとすれば，座標系 A で見たこの質点に関する運動方程式，

$$\frac{\mathrm{d}(m\boldsymbol{v})}{\mathrm{d}t} = \boldsymbol{F}$$

が成立する。あたりまえのことをいっているようであるが，我々はいま，ひょっとするとニュートンの運動の法則が成立しないように見える座標系があるかもしれないと疑っているのである。

さて，この質点を座標系 A' から見たとする。

図11-2● A' から見たPの位置は，$\boldsymbol{r}'(t) = \boldsymbol{r}(t) - \boldsymbol{r}_0(t)$

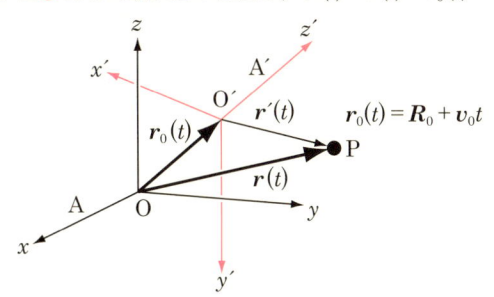

図のように，座標系 A' の原点は座標系 A から見て $\boldsymbol{r}_0$ の位置にあるとする。ただし，この $\boldsymbol{r}_0$ もまた時間とともに変化する。時刻 $t = 0$ での A' の(Aから見た)位置を $\boldsymbol{R}_0$ とすると，

$$\boldsymbol{r}_0(t) = \boldsymbol{R}_0 + \boldsymbol{v}_0 t$$

より深く考えてみると，我々は A においても A' においても時間が同じように流れていると暗黙のうちに仮定しているが，本当はそれもまた疑わねばならない。しかし，とりあえずは，この世界の枠組みである時間や空間の尺度は，どの座標系から見ても同じであるとしておこう。相対性理論は，我々が持っているこの常識的な空間や時間の認識について，疑義を挟むのである。

さて，質点 P の座標系 A′ から見た位置 r' は，図 11-2 から明らかなように，

$$r'(t) = r(t) - r_0(t) = r(t) - R_0 - v_0 t$$

である。そして，速度 v' は，

$$v'(t) = \frac{dr'}{dt} = \frac{dr}{dt} - v_0 = v(t) - v_0$$

v_0 は，時間とともに変化しない定数であるから，A′ から見た質点の速度は，A から見た速度とは異なるが，それはつねに定数 v_0 分だけ違うだけである (こんなことは，式を書くまでもなく直感的に明らかであるが)。

速度が違うということは，運動エネルギーも違うということである。これはかなり大変なことであるが，しかし直感的にはとうぜんである。グラウンドの上に置かれたハードルをそっと触っても何の危険もないが，全速力で走ってきたランナーがぶつかれば，怪我をする。走っているランナーから見ると，ハードルは運動しており，それ相応の運動エネルギーをもっているからである。

次に質点 P の A′ から見た加速度を調べてみよう。A から見た加速度を a，A′ から見た加速度を a' とすると，v_0 は定数だから，

$$a'(t) = \frac{dv'}{dt} = \frac{dv}{dt} = a(t)$$

つまり，加速度のレベルまでくると，座標系 A と A′ は同等ということになる。加速度が同じなら (質量も同じと仮定して)，力も同じに見えるということになる。A でニュートンの運動方程式が成立していれば，A′ でも成立する。こうしてニュートン力学の土台が保証される。

言葉の約束事にすぎないが，このようにニュートンの運動方程式が余分な仮定なしに成立する座標系を，**慣性系**と呼ぶ。慣性系に対して等速直線運動をしている座標系は，もちろん慣性系である。

ここまでくれば，A′ が A に対して加速度運動しているとどうなるか，という問題も見当がついてくるであろう。まずは直感的に答えを出しておこう。

図11-3 A氏「物体は静止しつづけている」
A′氏「物体は加速度 α で近づいてくる」

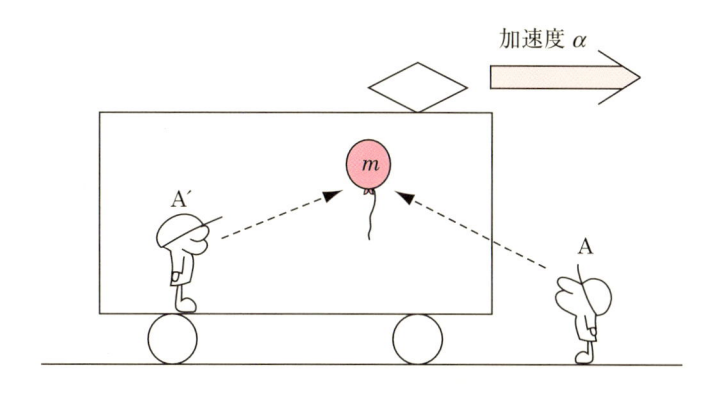

　図のように，地面で静止している（慣性系という意味）観測者A氏に対し，加速度の大きさ α で右に加速度運動している電車を考える。この電車の中に立っている観測者A′氏が見るモノの運動は，A氏に比べて加速度 α 分だけ違って見えるはずである。たとえば，話を分かりやすくするために，（電車の床などから力を受けずに）電車の中で空中に浮かんでいる質量 m の質点を考える。この質点は，地面の観測者A氏に対して静止しているとする。A氏の目撃談は，質点は静止したままで，電車が加速度運動している，という単純なものである。それに対して，A′氏の目撃談は，電車は自分に対して静止しているが，質点は自分に向かって加速度の大きさ α で動いているというものである。式など使わなくても，これは明らかであろう。

　質点が加速度の大きさ α で左方向に動くということは，もし運動方程式が正しいとするなら，この質点には $m\alpha$ という大きさの左向きの何らかの力が働いていなければならない。しかし，そのような力の源はどこを探してもない。そもそも，観測者A氏にとっては存在していない力である。しかも，この力は，電車の中のものにだけに働いているわけではない。電車の外に立っている電柱もまた，A′氏から見れば加速度運動しているから，この電柱にも「電柱の質量×α」の力が働いてなければならない。

講義11●慣性力　121

図11-4● A′氏「電柱も加速度 α で近づいてくるから，慣性力 $M\alpha$ 働いている」

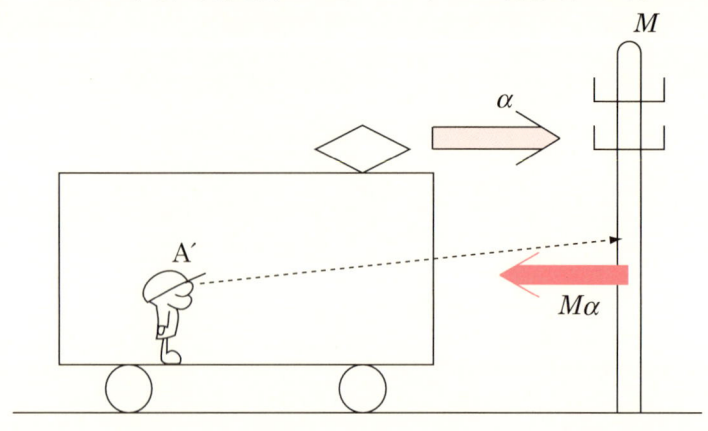

このように奇妙な力ではあるが，これを否定しては運動方程式が成立しなくなる．そこで，とりあえず運動方程式の方を尊重して，加速度運動する座標系から見ると，「みかけ」の力としてこのようなものが出てくるのだとしよう．この力のことを，**慣性力**と呼ぶ．

つまり，慣性系ではない（加速度運動する）座標系においては，慣性力が現れる．この座標系が慣性系に対して加速度 α で運動していれば，慣性力の向きはその逆向きであり，その大きさは着目している質点の質量 m に，大きさ α を掛けたものである．

このようにしておけば，ニュートンの運動方程式は，非慣性系においても適用できることになる．

以上のような説明をすると，慣性力というものは架空の力であるかのように思えるであろう．しかし，電車に乗ってボサッと立っていると，電車が動きだしたり，ブレーキをかけたり，カーブを曲がったりするときに，ずっこけそうになる．あの力が慣性力だよ，といわれれば，なるほどそうか，とも思う．しかし，もう少し考えると，電車の中でずっこけそうになるのは，自分の足が電車の床に接触しているからである．キミは慣性力という力を感じているのではない．慣性の法則で，等速度運動を続けようとするキミの足に対して，電車の床が速度を変えるからずっこけそうになるのである．つまり，慣性力は加速度運動を説明するための力であって，現実に感じられる力ではないということになる．

しかし，さらに深く考えてみよう．我々は接触によって受ける力以外の力として，重力というものを知っている．重力は慣性力のような仮想的な力ではなく，じっさ

いに感じられる力だと思うであろう。しかし、じつは重力もまた感じることはできないのである。水の入ったバケツをもって重いと感じるのは、バケツの取っ手がキミの腕を引っ張るからである。よっこらしょと椅子に腰を降ろして重力を感じたような気分になっているが、じっさいに感じているのは椅子の面がキミのお尻を押している垂直抗力である。それが証拠に、キミの体に接触しているすべてのモノをとり去って空中に浮かぶと、いわゆる無重力状態となってしまう。つまり、重力と慣性力は、ともに「見える」けれど感じることはできない不思議な力なのである。ちなみに、一般相対論では、等価原理といって、重力と慣性力は区別できない力として扱う。

図11-5●一般相対論では、慣性力と重力は区別できない。

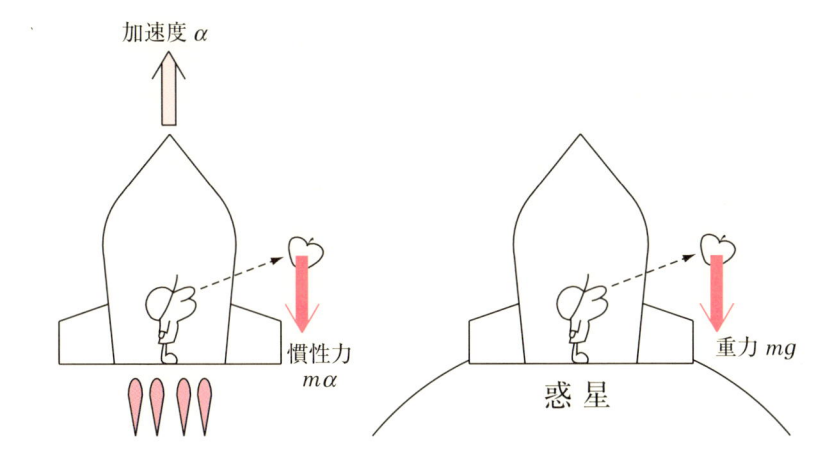

演習問題 11-1

慣性系 A で見たとき，質量 m の質点 P に次の運動方程式が成立しているとする。

$$\frac{\mathrm{d}(m\boldsymbol{v})}{\mathrm{d}t} = \boldsymbol{F}$$

いま，慣性系 A に対して，次のような運動をしている座標系 A′ を考える。

$$\boldsymbol{r}_0 = \boldsymbol{a}t^2 + \boldsymbol{b}t + \boldsymbol{c}$$

このとき，座標系 A′ で見た質点 P の運動方程式を書け。ただし，A′ での質点 P の速度は $\boldsymbol{v}'$ と書くこととし，その他の記号は慣例にしたがう。

解答 & 解説 A から見た質点 P の位置を $\boldsymbol{r}$, A′ から見た質点 P の位置を $\boldsymbol{r}'$ とすると，

$$\boldsymbol{r}' = \boldsymbol{r} - \boldsymbol{r}_0 = \boldsymbol{r} - \boldsymbol{a}t^2 - \boldsymbol{b}t - \boldsymbol{c}$$

よって，

$$\boldsymbol{v}' = \frac{\mathrm{d}\boldsymbol{r}'}{\mathrm{d}t} = \frac{\mathrm{d}\boldsymbol{r}}{\mathrm{d}t} - 2\boldsymbol{a}t - \boldsymbol{b}$$

$$\frac{\mathrm{d}\boldsymbol{v}'}{\mathrm{d}t} = \frac{\mathrm{d}^2\boldsymbol{r}}{\mathrm{d}t} - 2\boldsymbol{a}$$

両辺に m を掛ければ，

$$\frac{\mathrm{d}(m\boldsymbol{v}')}{\mathrm{d}t} = \frac{\mathrm{d}(m\boldsymbol{v})}{\mathrm{d}t} - 2m\boldsymbol{a}$$

よって，

$$\frac{\mathrm{d}(m\boldsymbol{v}')}{\mathrm{d}t} = \boldsymbol{F} - 2m\boldsymbol{a} \quad \cdots\cdots (\text{答})$$

つまり，座標系 A′ では $-2m\boldsymbol{a}$ の慣性力が見えるということである。もちろん，これは座標系 A′ が慣性系 A に対して $2\boldsymbol{a}$ の加速度で運動しているということであって，A′ の A から見た位置 $\boldsymbol{r}_0$ が $2\boldsymbol{a}$ の等加速度運動していることからして明らかである。◆

図11-6 A′ は A に対して加速度 $2\bm{a}$ で運動している。よって慣性力 $-2m\bm{a}$ が見える。

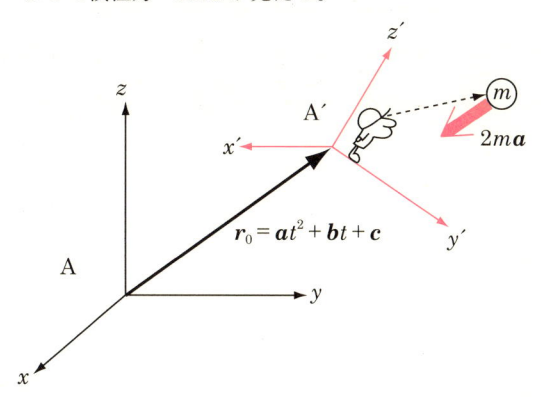

$\bm{r}_0 = \bm{a}t^2 + \bm{b}t + \bm{c}$

講義 LECTURE 12 遠心力とコリオリ力

　ニュートン力学の骨格をあらためて確認すると，力は物体に加速度を生じさせる（正確には，運動量を変化させる）が，速度は力とは直接的には関係がないということである。そこで，物体の運動を，「静止している」/「動いている」という区分ではなく，「静止あるいは等速度運動」/「加速度運動」のように区分することが本質的であるということになる。それに応じて，物体の運動を観測する座標系も2つに区分し，慣性力というみかけの力が見えない座標系をすべて慣性系と呼び，同等とするのである。慣性系という名は，座標系自体が慣性の法則に則って等速度運動しているというイメージに由来している。

　それでは加速度系に乗ったときの慣性力は，前回述べたものですべてかというと，じつはそうではないのである。加速度運動する電車に乗った座標系では，暗黙のうちに等加速度運動を想定していた。我々はここで，加速度が変化するような座標系について考えてみることにしよう。

　物体の運動として，直線運動の次に円運動を見たが，同じように，円運動する座標系，すなわち回転座標系をとりあげるのは理にかなっているだろう。

　回転座標系といえば，遠心力という言葉が思い浮かぶ。遊園地で回転している巨大なマシンに乗れば，我々は外に放り出されそうになる遠心力を感じる（前回，小声で説明したように，本当はそんな力を感じてはいないのだが）。あの遠心力は，典型的な慣性力である。そこで，まず，遠心力を直感的に導き出してみよう。

●遠心力

図12-1 ●静止しているA氏が見る円運動。

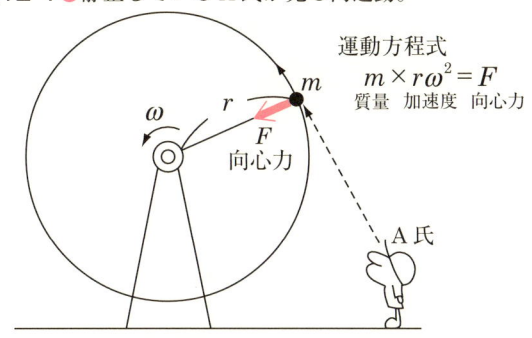

角速度の大きさ ω で等速円運動する，半径 r の回転マシンに載せられた，質量 m の物体を考える（等速でなければ，接線方向の慣性力も考えないといけないが，ここでは円運動で大事な法線方向の加速度だけを考える）。講義6で見たように，この物体の法線加速度は，円の中心方向に $r\omega^2$ である。つまり，回転するロープから引かれる力か，シートから押される垂直抗力か分からないが，中心方向に何らかの向心力が働いている。その力の大きさを F とすると，物体の（中心方向の）運動方程式は，

$$mr\omega^2 = F$$

である。いちいち注釈しなかったが，この運動方程式を書いているのは，地上で静止しているA氏である（つまり，慣性系から見た運動方程式）。

ところで，この回転マシンに乗ったA′氏の立場（すなわち回転座標系）では，運動方程式はどのようになるだろう？

前回の慣性力の考え方をそのまま適用すれば，A′氏は，中心方向に加速度 $r\omega^2$ で運動しているから，それと逆方向，すなわち円の外側方向に慣性力を見るはずである。そして，その大きさは，前回の $m\alpha$ に対応して，$m \times r\omega^2$ となるだろう。この $mr\omega^2$ の慣性力のことを**遠心力**と呼ぶわけである。

さて，A′氏から見ると，物体は静止している。そこでA′氏が立てる式は，力のつりあいでなければならない。遠心力と向心力がつりあって

図12-2●回転マシンに乗ったA′氏が見る力のつりあい。

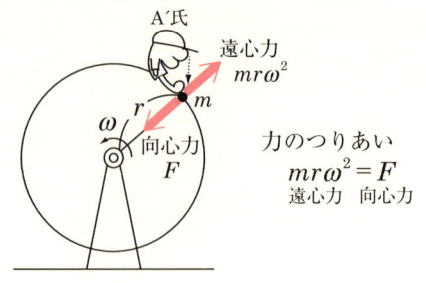

A′氏
遠心力 $mr\omega^2$
向心力 F
力のつりあい
$mr\omega^2 = F$
遠心力　向心力

いるという式を書けば，

$$mr\omega^2 = F$$

つまり，A氏が立てた運動方程式と同じ式となる。めでたし，めでたし，である。ただし，上の2つの式は数学的にはまったく同じであるが，物理的には意味がまったく違う。A氏の式は，質量 m ×加速度 $r\omega^2=$ 中心方向の力 F という運動方程式，A′氏の式は，$mr\omega^2$ という外向きの遠心力と，中心方向の力 F とのつりあいの式である。

以上のことから，回転座標系に乗ってみれば，$mr\omega^2$ という遠心力が働いて見えるということは，間違いなさそうである。しかし，ここで，次のようなもう1つの直感的な例を考えてみよう。

●遠心力だけでは説明できない動き

宇宙空間で等速円運動している宇宙ステーションに乗ってみる。この宇宙ステーションの外側の縁で作業していた宇宙飛行士の命綱が切れて，宇宙飛行士は宇宙空間に投げ出されたという危機的場面を想定しよう。

図12-3●A氏から見ると，宇宙飛行士は $v=r\omega$ で等速直線運動するだけのこと。

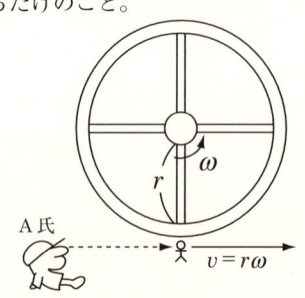

この事件を，宇宙の別の慣性系で目撃しているA氏にとって，事態はすこぶる単純である．投げ出された宇宙飛行士は，その後いかなる力も受けないから，宇宙ステーションの縁がもっていた速さ$r\omega$で，円の接線方向に等速直線運動するであろう．それだけのことである．

図12-4 ● 90°回転後，A′氏から見ると宇宙飛行士は西ゾーンにいる．

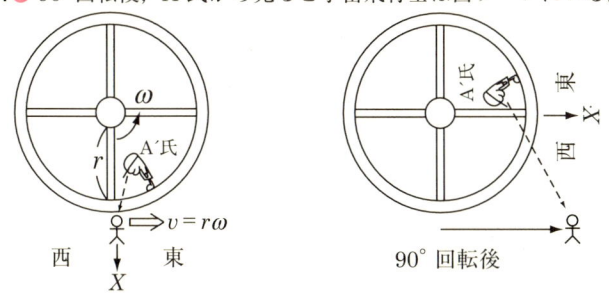

　ところが，宇宙ステーションに乗っているA′氏にとっては，宇宙飛行士の運動はとても奇妙なものに見える．もし，宇宙飛行士に働く慣性力が遠心力だけなら，命綱の切れた飛行士はステーションの縁からスポークの延長線の方向(図のX方向)にまっすぐ「落下」していくはずである．ところが，図のようにステーションが90°回転した状態を想定するとよく分かるが，A′氏から見た宇宙空間を，X方向を境界として東ゾーンと西ゾーンに分けたとき，宇宙飛行士は西ゾーンにいる．つまり，宇宙飛行士はX方向にまっすぐ「落下」するのではなく，西ゾーンへ曲がりながら「落下」する．ということは，宇宙飛行士には遠心力以外に，西ゾーン方向へ何らかの力が働いているはずである．この力は，もちろん回転座標系に乗っているA′氏だけに見える，みかけの力であるから，慣性力の一種であろう．

　結論からいうと，遠心力以外のもう1つの慣性力は，**コリオリ力**と呼ばれ，物体が回転座標系から見て動いているときにだけ見えてくる．なぜそんな力が見えてくるかについて，深遠な理由があるわけではない．一言でいえば，回転系から見て物体が静止している場合には，向心力とつりあう遠心力だけがあればよいが，物体が動くということは，遠心力以外にそういう運動を起こす何らかの力が必要なわけである．もちろん，そんな力が見えるのは，回転系という「ひねくれた」座標系に乗ってい

るせいである。

　コリオリ力の向きと大きさを導くには，ちょっとした計算をしなければならない。そしてほとんどのテキストでは，その計算を機械的におこなっている。しかし，その定番の計算は演習問題12-1でやることにして，ここではもう少しイメージの湧く方法で説明してみよう。それは，ベクトルとその微分の直感的理解のための，有意義な頭の体操になるであろう（いささかこみいっていて，頭が痛くなるかもしれないが，この説明を理解すると，物理の一段高い峰に到達できる。ゆっくりでいいから，理解して頂きたい）。

●コリオリ力の導出

　まず1つの慣性系A(x-y座標系）に乗ってみる（これを分かりやすく静止系Aと呼んでおく）。今後の議論では，いつもこのAに乗った立場で話をしていることを肝に銘じておこう（「回転系から見れば」などという表現をするが，それは静止系の立場で「想像」しているのである）。

　この静止系Aに対し，回転座標系A′を考えるが，話を簡便にするために，AとA′の原点およびz軸は一致し，x'-y'軸がx-y軸に対して一定の角速度ωで回転しているものとする。一般には角速度が一定でない場合もあるが，その場合には接線方向の慣性力が見えてくる。しかし，目下の我々の興味を考えれば，角速度一定という条件で十分であろう。

　さて，原点を始点とし，z成分をもたないベクトル$\boldsymbol{r}$を考える。$\boldsymbol{r}$は，とりあえず位置ベクトルを想定しておけばよいが，以下の議論は任意のベクトルについて成立することを押さえておきたい。

図12-5●たとえば$x'=4$，$y'=3$なら，$\boldsymbol{r}=4\boldsymbol{i'}+3\boldsymbol{j'}$。

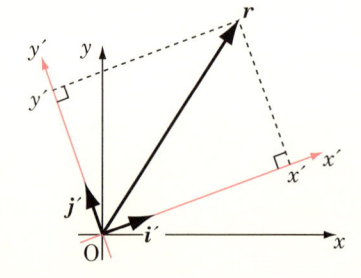

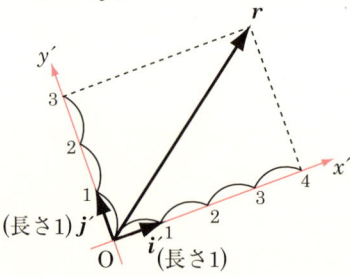

回転系 A′ の $x′$ 軸方向の単位ベクトルを $i′$，$y′$ 軸方向の単位ベクトルを $j′$ とし，A′ から見た r の座標を $(x′, y′)$ とすれば，

$$r = x′i′ + y′j′$$

である。ここで，短い時間 Δt に r が Δr だけ変化したとすると，(積の微分公式(付録参照)を使って)，

$$\Delta r = \Delta x′ \cdot i′ + x′ \cdot \Delta i′ + \Delta y′ \cdot j′ + y′ \cdot \Delta j′$$
$$= (\Delta x′ \cdot i′ + \Delta y′ \cdot j′) + (x′ \cdot \Delta i′ + y′ \cdot \Delta j′)$$

わざわざ括弧でくくりなおしたが，前の括弧内は $i′, j′$ が変化せず，$x′, y′$ だけが変化した分であり，あとの括弧内は $x′, y′$ が変化せず，$i′, j′$ だけが変化した分である(これをいちいち書くのは面倒なので，形式上，それぞれ $\Delta^* r$ と $\Delta_{回転} r$ としておく)。つまり，$\Delta^* r$ は $i′, j′$ が動かないとしたときの(ということは，回転系から見えるであろう) r の変化で，$\Delta_{回転} r$ は，r そのものは変化しないとみなしたとき，A′ が静止系 A に対して回転したために生じる Δr と $\Delta^* r$ の差額のベクトルである。

$$\Delta r = \Delta^* r + \Delta_{回転} r$$

図12-6 r の変化 Δr を，あらためて1つのベクトルとして考える。

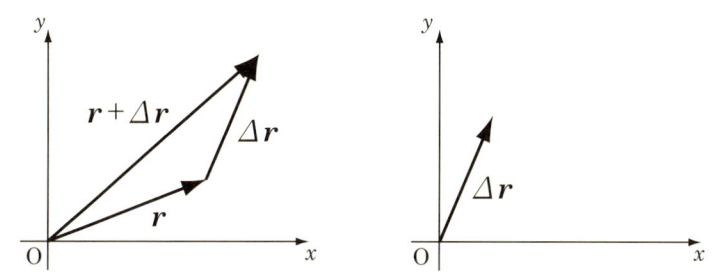

図12-7 この段階では，$\Delta_{回転} r$ が具体的にどんなベクトルかはまだ求めていない。

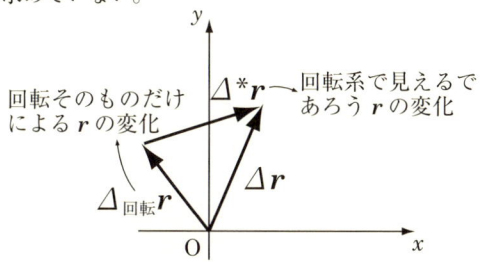

さて，$\varDelta_{回転}r$ は具体的にどう書けるかを調べよう。それには，円運動において速度 $r\omega$ や法線加速度 $r\omega^2$ を導いたときの考え方をそのまま使えばよい。

図12-8 ●角速度をベクトルとみなすと何かと便利。

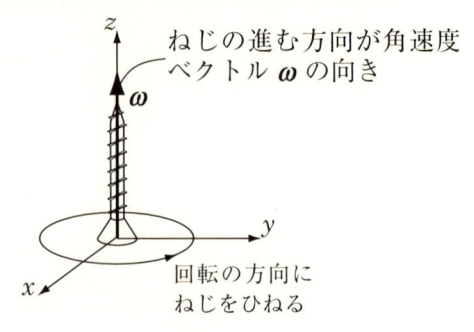

ねじの進む方向が角速度ベクトル $\boldsymbol{\omega}$ の向き

回転の方向にねじをひねる

回転もまたベクトル的な捉え方をするのが便利である。すなわち，角速度 ω をベクトルとみなし，その向きを右ねじを回転方向にひねったときにねじの進む方向にするのである（この場合なら，$\boldsymbol{\omega}$ の向きは z 軸の正方向となる）。ベクトルの長さはもちろん $|\boldsymbol{\omega}|$ とする。このような考え方は，剛体のモーメントや電磁気学などでしばしば登場する。講義10で見た角運動量もまたそうである。

図12-9 ● r が変化しないで，座標系が回転することだけによって生じる r の変化 $\varDelta_{回転}r$。

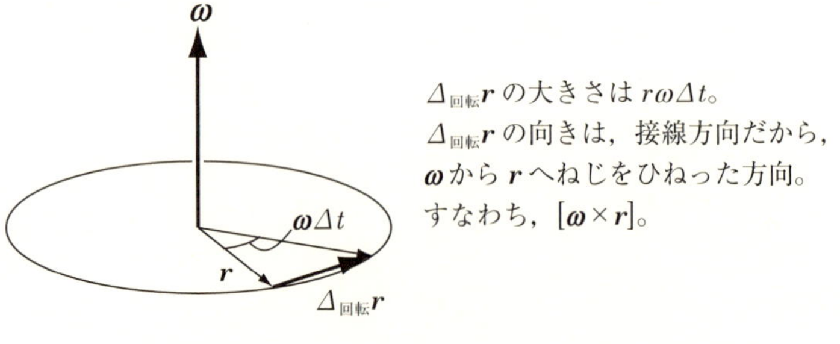

$\varDelta_{回転}r$ の大きさは $r\omega\varDelta t$。
$\varDelta_{回転}r$ の向きは，接線方向だから，$\boldsymbol{\omega}$ から r へねじをひねった方向。すなわち，$[\boldsymbol{\omega}\times r]$。

微小時間 $\varDelta t$ の回転角度は $\omega\varDelta t$ であるから，図から分かるように，$\varDelta_{回転}r$ の大きさは $|r\omega|\varDelta t$ で，その向きは回転の接線方向，すなわち r に直角。ベクトル積の表現で書けば，$\boldsymbol{\omega}\times r$ の方向である。

そこで，けっきょく，

$$\varDelta r = \varDelta^{*}r + \boldsymbol{\omega}\times r \cdot \varDelta t \quad \cdots\cdots ①$$

となる。両辺を Δt で割って，極限をとれば，

$$\frac{\mathrm{d}\boldsymbol{r}}{\mathrm{d}t} = \frac{\mathrm{d}^*\boldsymbol{r}}{\mathrm{d}t} + \boldsymbol{\omega} \times \boldsymbol{r}$$

すなわち，速度を $\boldsymbol{v}$ と書けば，

$$\boldsymbol{v} = \boldsymbol{v}^* + \boldsymbol{\omega} \times \boldsymbol{r} \quad \cdots\cdots ②$$

図12-10 回転系で見た速度 $\boldsymbol{v}^*$ と静止系で見た速度 $\boldsymbol{v}$ の関係。

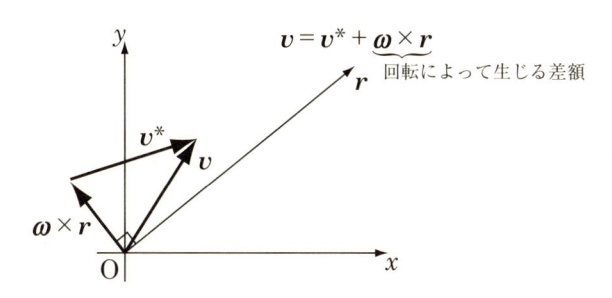

$\boldsymbol{v}$ はもちろん静止系から見た物体の速度であるが，$\boldsymbol{v}^*$ は回転系から見た物体の速度である。つまり，$\boldsymbol{v}^*$ は静止系の速度 $\boldsymbol{v}$ より，回転によって生じた速度変化 $\boldsymbol{\omega} \times \boldsymbol{r}$ を差し引かなければならない。

念のために付言すれば，ここで出てきた $\boldsymbol{\omega} \times \boldsymbol{r}$ こそが，遠心力やコリオリ力が現れる直接の原因である。

さて，加速度は，上の式をもう1度，時間で微分すればよいのだが，その前に $\boldsymbol{v}$ の変化 $\Delta \boldsymbol{v}$ に対しても，また回転の差額が生じることに注意しておこう。すなわち，①式で $\boldsymbol{r}$ を $\boldsymbol{v}$ と置き換えれば，

$$\Delta \boldsymbol{v} = \Delta^* \boldsymbol{v} + \boldsymbol{\omega} \times \boldsymbol{v} \cdot \Delta t$$

この $\boldsymbol{v}$ に②式の右辺を代入すれば，

$$\Delta \boldsymbol{v} = \Delta^* \boldsymbol{v}^* + \Delta^*(\boldsymbol{\omega} \times \boldsymbol{r}) + \{\boldsymbol{\omega} \times \boldsymbol{v}^* + \boldsymbol{\omega} \times (\boldsymbol{\omega} \times \boldsymbol{r})\} \Delta t$$

$\boldsymbol{\omega}$ は定数として，Δt で割って極限を取れば，

$$\frac{\mathrm{d}\boldsymbol{v}}{\mathrm{d}t} = \frac{\mathrm{d}^*\boldsymbol{v}^*}{\mathrm{d}t} + \boldsymbol{\omega} \times \boldsymbol{v}^* + \boldsymbol{\omega} \times \boldsymbol{v}^* + \boldsymbol{\omega} \times (\boldsymbol{\omega} \times \boldsymbol{r})$$

図12-11 ● v^* の変化 Δv^* もまた，$\Delta^* v^*$ と $\Delta_{回転} v^*$ に分けなければいけない。

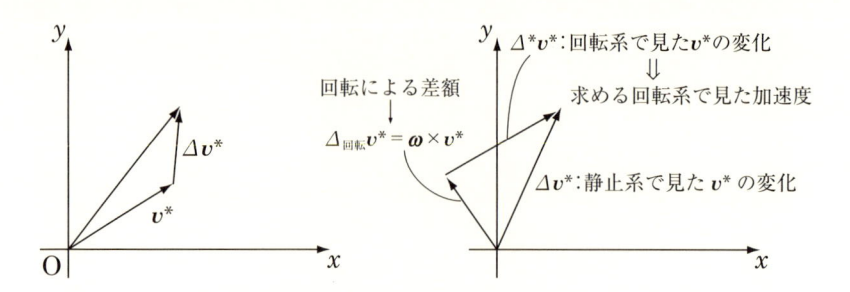

図中ラベル：
- Δv^*
- v^*
- 回転による差額　$\Delta_{回転} v^* = \omega \times v^*$
- $\Delta^* v^*$：回転系で見た v^* の変化 ⇒ 求める回転系で見た加速度
- Δv^*：静止系で見た v^* の変化

ここに出てきた $d^* v^*/dt$ こそ，まさに回転系から見た物体の加速度そのものである。dv/dt を a，$d^* v^*/dt$ を a^* と書けば，

$$a = a^* + \omega \times v^* + \omega \times v^* + \omega \times (\omega \times r)$$

すなわち，速度，加速度と進む間に2回，回転による差額が入ってくるので，$\omega \times v^*$ が2つ出てくるわけである。ということで，けっきょく，

$$a = a^* + 2(\omega \times v^*) + \omega \times (\omega \times r)$$

a^* の式に書き直し，加速度でもよいが，質量 m を掛けて力にすると，

$$ma^* = ma - 2m(\omega \times v^*) - m\omega \times (\omega \times r)$$

となる。

ma は静止系で見た力であるが，回転系でもニュートンの運動方程式が成立するとすれば，ma 以外に，右辺の第2項と第3項の力を考えないといけないということになる。第3項は大きさ $mr\omega^2$，向きは回転の中心方向の逆なので，すなわち遠心力であり，第2項は，v^* が0でない，すなわち回転系から見て物体が動いているとき現れてくる力，すなわちコリオリ力である。

いささか回りくどい導き方ではあったが，コリオリ力がなぜ $-2m[\omega \times v^*]$ なのかの直感的理解は，ある程度できたのではないだろうか。

問 赤道上の高い塔の上から小球を鉛直下方に落下させたとき，小球の落下地点は塔の真下からどちら方向にずれるか。ただし，小球に働く力は重力だけで，風などの影響を受けないものとする。

また，塔の高さが 500[m] とすると，落下地点のずれは，ごく大雑把に見積もっておおよそどれくらいか。ただし，小球は (じっさいとは少し違うが) 平均 50[m/s] で等速に落下するものとする。

解答 地球の角速度 $\boldsymbol{\omega}$ の向きは，北極方向である (西から東に自転するから)。小球の速度ベクトルは (ほとんど) 鉛直下向きであるから，$\boldsymbol{\omega} \times \boldsymbol{v}^*$ の向きは，西向きになる。つまり，コリオリ力 $-2m\boldsymbol{\omega} \times \boldsymbol{v}^*$ の向きは東向きである。よって，小球は塔の真下より東方向にずれる。なお，赤道上に限らず，北極点と南極点を除き，小球はつねに東へずれる。ただ，その効果が赤道上ではもっとも大きくなる。

図12-12 $\boldsymbol{\omega} \times \boldsymbol{v}^*$ ($\boldsymbol{\omega}$ から $\boldsymbol{v}^*$ へねじをひねる) は西向きなので，コリオリ力 $-2m[\boldsymbol{\omega} \times \boldsymbol{v}^*]$ は東向きとなる。

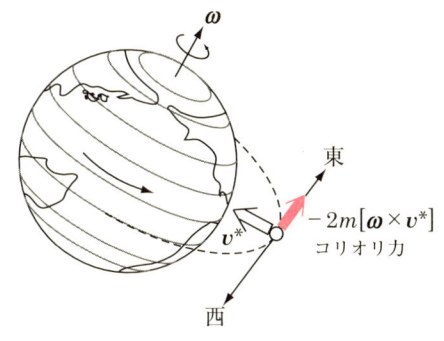

このずれの理由を静止系から説明すると，次の通りである。

地球は西から東へ回転する。小球は，地球が自転していてもいなくても，重力だけを受けて落下するから，一見，ずれは西方向に思える。しかし，最初，小球は地球から見て静止しているから，静止系から見ると地球の自転方向の速度成分を持っているのである。この速度成分は，地上より回転半径が大きい分だけ，地上の自転速度より大きい。この速度成分は落下中も変化しないから (水平方向の力がないから)，地上まで落ちる間に，小球はどんどん東へとずれていくのである。

地球の角速度の大きさ ω は，自転周期 T が1日であるから，

$$\omega = \frac{2\pi}{T} = \frac{2 \times 3.14}{24 \times 60 \times 60} \fallingdotseq 7 \times 10^{-5} [\text{rad/s}]$$

よって，コリオリ力による加速度の大きさは，

$$a^* = 2\omega v^* = 2 \times 7 \times 10^{-5} \times 50 = 7 \times 10^{-3} [\text{m/s}^2]$$

落下に要する時間は，$t = 500 \div 50 = 10[\text{s}]$ であるから，等加速度運動の公式より，ずれの距離 x は，

$$x = \frac{1}{2} a^* t^2 = 0.5 \times 7 \times 10^{-3} \times 10^2 = 0.35 [\text{m}]$$

つまり，50センチメートルにも満たないということである。風の影響や，最初に小球を落とすときのぶれなどを考えれば，このような想定の実験では，コリオリ力を検出するのは容易ではないであろう（しかし，直径10メートル程度の円板を回転させて，その上でボールを転がすような実験をすれば，コリオリ力をはっきりと見ることができる）。ついでにいえば，遠心力による加速度は $R\omega^2$（R は地球の半径）だから，およそ $3 \times 10^{-2} [\text{m/s}^2]$ 程度で，コリオリ力よりはやや検出しやすい。

演習問題 12-1　静止座標系 $x\text{-}y$ に対し，原点および z 軸を共有し，時刻 $t=0$ で $x\text{-}y$ 軸と $x'\text{-}y'$ 軸も一致し，一定の角速度 ω で回転する回転座標系を考える。このとき，静止座標系で測った位置 (x, y) と回転座標系で測った位置 (x', y') の関係は，

$$x = x'\cos\omega t - y'\sin\omega t$$
$$y = x'\sin\omega t + y'\cos\omega t$$

と書ける。このことを使って，一定の角速度で回転する座標系において見える慣性力の x' 成分と y' 成分を導け。

図12-13

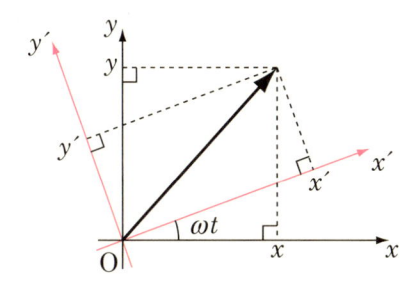

解答 & 解説　まず，図より，

$$x = x'\cos\omega t - y'\sin\omega t$$
$$y = x'\sin\omega t + y'\cos\omega t$$

の関係が図形的に導かれることを確認しておこう。

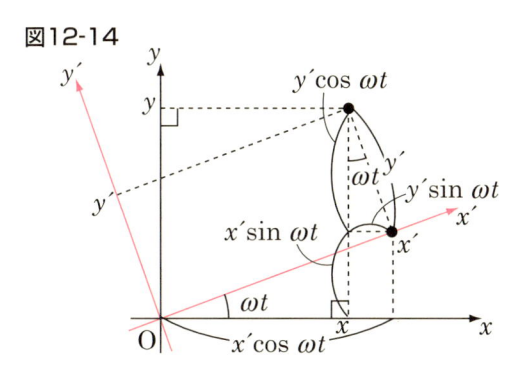

図12-14

あとは，機械的に微分していけばよい。いちいち d/dt と書くのは面倒なので，以下，時間微分は，$\dot{x}$ のように，変数の上にドットをつけて書くことにしよう。また，$\dot{x}$ をさらに時間で微分したものを，$\ddot{x}$ のように書こう（これらの表記は，物理学では慣例的に使われる）。

まず，x, y の式を時間で微分する（すなわち速度を求める）。

$$\dot{x} = (\dot{x}' - \omega y') \cos \omega t - (\dot{y}' + \omega x') \sin \omega t$$
$$\dot{y} = (\dot{x}' - \omega y') \sin \omega t + (\dot{y}' + \omega x') \cos \omega t$$

さらにもう1度微分して，加速度を求める。

$$\ddot{x} = (\ddot{x}' - 2\omega \dot{y}' - \omega^2 x') \cos \omega t - (\ddot{y}' + 2\omega \dot{x}' - \omega^2 y') \sin \omega t$$
$$\ddot{y} = (\ddot{x}' - 2\omega \dot{y}' - \omega^2 x') \sin \omega t + (\ddot{y}' + 2\omega \dot{x}' - \omega^2 y') \cos \omega t$$

ところで，問題文に掲げた x, y と x', y' の関係は，位置だけではなく任意のベクトルについても成立する（図のベクトルは物理的な意味をつけなくても，たんなる数学的ベクトルとして成立する）。よって，静止系で見た加速度 **a** について，この関係を適用すれば，

$$a_x = a_x' \cos \omega t - a_y' \sin \omega t$$
$$a_y = a_x' \sin \omega t + a_y' \cos \omega t$$

これを，上の2回微分した式と比べれば，

$$a_x' = \ddot{x}' - 2\omega \dot{y}' - \omega^2 x'$$
$$a_y' = \ddot{y}' + 2\omega \dot{x}' - \omega^2 y'$$

図12-15● a_x', a_y' は，x'-y' が静止しているとみなしたときの **a** の成分である。

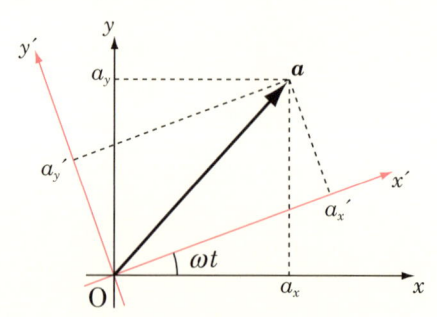

となる。ここで注意しなければならないのは，$a_x{'}, a_y{'}$は回転している座標系に乗ったときに見える加速度ではないということである。あくまで，図のように静止系に角度ωtだけ傾いた座標系を貼りつけて，静止系ではあるが，傾いた座標軸で測った加速度成分だということである。よって，これに質量を掛けた$ma_x{'}, ma_y{'}$は，静止系で見えている力である。これに対して，$\ddot{x}{'}$や$\dot{x}{'}$は，じっさいに回転系に乗ったときに見えるであろう加速度と速度である（前述のa^*, v^*に相当）。そこで，$ma_x{'} = F_x{'}$，$ma_y{'} = F_y{'}$と書くと，

$$m\ddot{x}{'} = F_x{'} + 2m\omega\dot{y}{'} + m\omega^2 x{'}$$
$$m\ddot{y}{'} = F_y{'} - 2m\omega\dot{x}{'} + m\omega^2 y{'}$$

ということになる。これは，回転座標系から見た物体の運動方程式であり，静止系で見えている力$F_x{'}, F_y{'}$以外に，第2項，第3項の力が見えるということになる。もちろん，第2項がコリオリ力，第3項が遠心力である。

前述のベクトル$-(\boldsymbol{\omega} \times \boldsymbol{v}^*)$の$x{'}$成分，$y{'}$成分が，それぞれ$\omega\dot{y}{'}, -\omega\dot{x}{'}$であることは，$z$座標も含めてベクトル積の成分を書いてみれば，確認できるであろう（演習問題10-1(116ページ) 参照）。$\omega_x = 0, \omega_y = 0$だから，それらの項は消えている。

ということで，この一般的な遠心力とコリオリ力の導出方法は，きわめて機械的であるゆえ，「計算すればこうなるから，こう覚えておくしかないのか」という程度の納得の仕方しかできないと思う。それゆえ，前述の直感的導出をあえて加えた次第である。◆

実習問題 12-1

図のように,慣性系 x-y の $x=r$ の点に静止している質量 m の質点がある。この慣性系と原点を共有し,一定の角速度 ω で回転する回転座標系から見ると,質点は $-\omega$ の角速度で等速円運動して見えるであろう。それゆえ,この質点には,原点方向に $mr\omega^2$ の向心力が見えるはずである。この向心力が何に由来しているかを説明せよ。

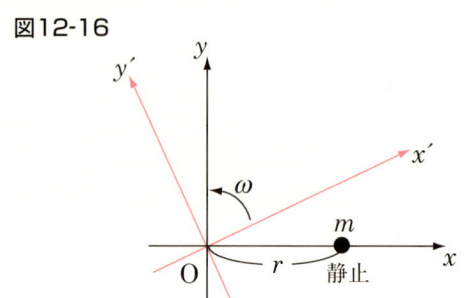

図12-16

解答 & 解説 静止系においては,この質点に働く力はないから,演習問題12-1における F_x', F_y' はともに 0 である。それゆえ,回転系から見た質点の運動方程式は,次のようになる。

$$m\ddot{x}' = 2m\omega\dot{y}' + m\omega^2 x'$$
$$m\ddot{y}' = -2m\omega\dot{x}' + m\omega^2 y'$$

回転系から見た質点の速度を $\boldsymbol{v}'$,その大きさを v' とする。右辺第1項のコリオリ力の向きは,$-(\boldsymbol{\omega} \times \boldsymbol{v}')$ の方向だから,原点方向である。そして,その大きさは,

図12-17 ●回転系から見ると,質点は速さ $r\omega$ で右回りの円運動をして見える。

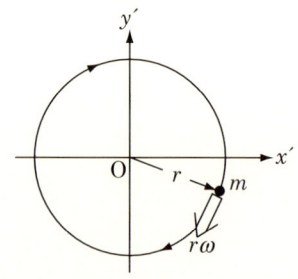

$$2m\omega\sqrt{\dot{x'}^2+\dot{y'}^2}=\boxed{\text{(a)}}$$

ここで，回転系から見た質点の速さ v' は，$r\omega$ であるから，けっきょくコリオリ力の大きさは，

$$\boxed{\text{(b)}}$$

となる。一方，遠心力の大きさは，

$$\boxed{\text{(c)}}$$

図12-18●コリオリ力と遠心力の合力が中心方向の向心力 $mr\omega^2$ になる。

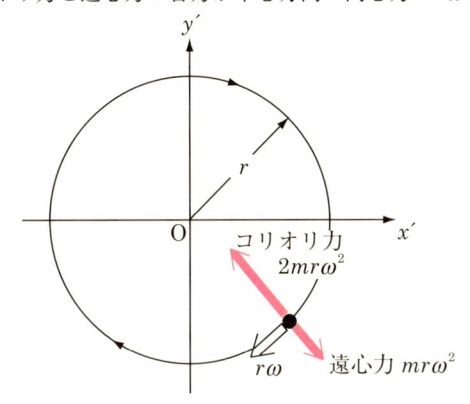

である。以上より，回転座標系から見ると，質点には，中心方向に $\boxed{\text{(b)}}$ のコリオリ力，中心と反対方向に $\boxed{\text{(c)}}$ の遠心力が働き，合計として中心方向に $mr\omega^2$ の慣性力が見える。この慣性力の和こそが，この場合の向心力となるわけである。◆

(a) $2m\omega v'$ (b) $2mr\omega^2$ (c) $mr\omega^2$

講義 LECTURE 13 質点系の力学

　これまでは，対象となる物体をすべて質点とみなしてきた。しかし，現実に我々が目にする物体は大きさ(拡がり)がある。たとえば，野球のボールが飛んでいる状況を考えたとき，細かく見れば，たんなる放物運動以外に，ボールの回転という運動がある。この回転が，空気との摩擦によって，ボールの軌道をさまざまに変える。あるいは，ヤカンの中で沸騰している湯の動きは，もっと複雑である。こうした問題を正確に解くことはほとんど不可能であるが，一定の制約を設ければ，拡がりのある物体に対しても，きちんとした力学を構築することができる。今回以降は，こうした拡がりのある物体へと話を進めることにしよう。

● 質点系

　もともと，ニュートンの力学(たとえば運動方程式)は，質点に関するものである。そして我々は，ニュートンの力学から出発するしかないわけだから，まずは質点が複数個存在するときの力学を考えてみるのが理にかなっているだろう。複数の質点を全体として扱うとき，これを**質点系**と呼ぶ。

　このあと力学は，質点系→剛体→(これ以降は，本書では扱わないが)弾性体→流体……というふうに進んでゆく。我々の当面の目標は，剛体の力学であり，質点系はそのための準備と捉えておいてよい。とはいえ，実習問題13-1に示すように，質点系に特有の問題もある。

　大抵のテキストは，n個の質点があって云々……，というふうに話を進めるが，このnがいくらであろうと，本質的な違いは何もないから，ここではもっとも簡単な2つの質点からなる質点系を考えよう(それでは物足りないという人は，2の代わりにnとして，たくさんの質点が空

間に散らばっている状況を想像すればよい)。

2つの質点といっても,それらが相手とはまったく無関係に運動をしているのなら,わざわざ質点系とみなす必要もない。それぞれの運動方程式を立てて,それらを解くまでのことである。2つの質点が互いに関係をもつ,すなわち力を及ぼし合うとか,互いの間隔が変わらないとか(これが**剛体**である),そういうことがあるからこそ質点系として扱う理由があるわけである。

図13-1●2つの質点からなる質点系　　**図13-2**●働く力を外力と内力に分ける

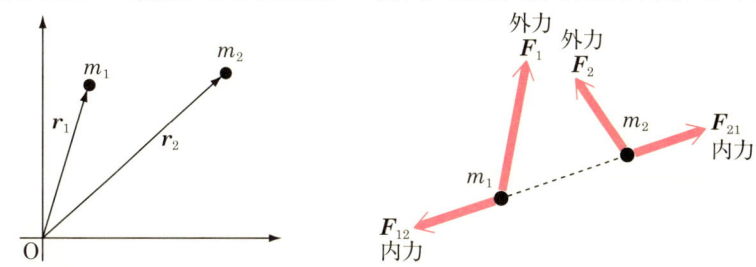

2つの質点1, 2の質量を,それぞれ m_1, m_2,その位置を(適当な慣性系の座標で測って)それぞれ r_1, r_2 とする。このとき,これらの質点に働く力は,質点1と質点2以外の外部から働く力(**外力**)と,質点1と質点2の間で働き合う力(**内力**)に分けることができるであろう。質点1に働く外力を F_1,質点2に働く外力を F_2 とし,質点1が質点2から受ける内力を F_{12},質点2が質点1から受ける内力を F_{21} と書けば,それぞれの運動方程式は,

$$m_1 \frac{\mathrm{d}^2 r_1}{\mathrm{d}t^2} = F_1 + F_{12} \quad \cdots\cdots ①$$

$$m_2 \frac{\mathrm{d}^2 r_2}{\mathrm{d}t^2} = F_2 + F_{21} \quad \cdots\cdots ②$$

ここで,力学を質点から拡がりのある物体に拡張するときに,もっとも重要な法則を確認しておこう。それは,**作用・反作用の法則**である。作用・反作用の法則は,きわめて常識的な法則ではあるが,この法則があるからこそ,質点ではない複雑な構造をもった物体に対しても,力学の体系を構築することができるのである。

作用・反作用の法則によって,

講義13●質点系の力学

$$F_{12} = -F_{21}$$

である。そこで，①式と②式を足し算すると，F_{12} と F_{21} の項は消えることになる。

$$m_1 \frac{d^2 r_1}{dt^2} + m_2 \frac{d^2 r_2}{dt^2} = F_1 + F_2$$

つまり，質点系全体を考えるときには，その系に働く外力だけに着目すればよい。しかし，上式の左辺は，たんなる足し算で，あまり面白くない。もう少し考え方を進めよう。

● **質量中心**

図13-3 ● 放物線を描くのは何か?

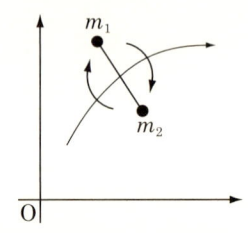

図のように，2つの質点が質量の無視できる細くてかたい棒でつながれた物体を考え，この物体を空中に放り投げたとする。そうすると，この物体はふつう，回転しながら放物運動をするであろう。

しかし，ちょっと待った。適当に放物運動といってしまったが，いったいこの質点系において正確に放物運動するのは何であろうか。それぞれの質点の軌道は，決して単純な放物線ではない。放物線と回転を組み合わせた軌跡を描くであろう。それでは，「何が」放物線を描くのか。

目には見えないが，おそらく，「何か」というか，物体ではない「仮想的な点」が正確な放物線を描いている，と仮定してみよう。そして，その点を位置ベクトル R で表すことにしよう。放物運動なら，この点は重力加速度 g のもとに運動するから，

$$\frac{d^2 R}{dt^2} = g$$

この式を，$(m_1 + m_2)$ 倍して，運動方程式の形にすると，

$$\frac{d^2 (m_1 + m_2) R}{dt^2} = (m_1 + m_2) g \quad \cdots\cdots ③$$

ただし，(m_1+m_2) はわざと微分記号の中に入れておいた。

一方，上の2つの運動方程式の合計の式は，放物運動の場合，$\boldsymbol{F}_1 = m_1\boldsymbol{g}$，$\boldsymbol{F}_2 = m_2\boldsymbol{g}$ だから，次のようになる。

$$\frac{\mathrm{d}^2(m_1\boldsymbol{r}_1 + m_2\boldsymbol{r}_2)}{\mathrm{d}t^2} = (m_1+m_2)\boldsymbol{g} \quad \cdots\cdots ④$$

ただし，ここでも，m_1, m_2 は，微分の中に含め，足し算もまた1つの微分の中に入れた。

ここで，③式と④式を比べてみると，

$$(m_1+m_2)\boldsymbol{R} = m_1\boldsymbol{r}_1 + m_2\boldsymbol{r}_2$$

であることが分かるであろう。つまり，現実にはそこには物体がないかもしれないが，

$$\boldsymbol{R} = \frac{m_1\boldsymbol{r}_1 + m_2\boldsymbol{r}_2}{m_1+m_2}$$

となるような点を選べば，この点は，あたかもそこに質量 (m_1+m_2) の「質点」があるかのように，放物運動をする。このような点 $\boldsymbol{R}$ は，質点の数がいくらに増えても設定することができる。そこで，複数個の質点があるとき，

$$\boldsymbol{R} = \frac{\sum_i m_i \boldsymbol{r}_i}{\sum_i m_i}$$

となるような点 $\boldsymbol{R}$ を設定すれば，この点の挙動は，あたかもそこに質点系のすべての質量が集中したかのように単純な運動方程式で決まる。この点をこの質点系の**質量中心**と呼ぶ。

図13-4 ● 質量中心 $\boldsymbol{R}$ が放物線を描く。

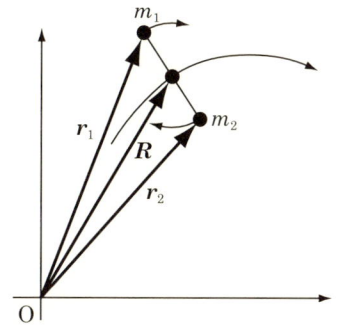

簡単に分かることだが，一定の重力が働いている地上(の狭い領域)では，この質量中心のまわりの重力による力のモーメントはつりあう。そこで，質量中心は**重心**とも呼ばれる。

問 2つの質点からなる質点系の場合に，質量中心のまわりの重力のモーメントがつりあうことを証明せよ。

解答

図13-5 R のまわりの重力のモーメントはつりあう。

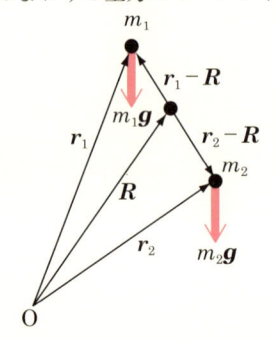

力のモーメントの定義より(講義10を参照)，質量中心からそれぞれの質点の位置に引いたベクトルが，モーメントの腕になるが，それは図から分かるように，それぞれ，

$$r_1 - R$$
$$r_2 - R$$

である。そこで，質点1に働く重力のモーメントを N_1，質点2に働く重力のモーメントを N_2 とすれば，

$$N_1 = (r_1 - R) \times m_1 g$$
$$= \left(r_1 - \frac{m_1 r_1 + m_2 r_2}{m_1 + m_2}\right) \times m_1 g = \frac{m_1 m_2}{m_1 + m_2}(r_1 - r_2) \times g$$
$$N_2 = (r_2 - R) \times m_2 g$$
$$= \left(r_2 - \frac{m_1 r_1 + m_2 r_2}{m_1 + m_2}\right) \times m_2 g = \frac{m_1 m_2}{m_1 + m_2}(r_2 - r_1) \times g$$

よって，$N_1 = -N_2$，すなわち，

$$N_1 + N_2 = 0$$

このことは，いうまでもなく，質点1と質点2に働く重力が，同じ重力加速度 g で書けるから成立する。つまり，地球の大きさに匹敵するような巨大な構築物を造ったとすれば，その物体の質量中心と重心は異なってくる。

このようにして，質量中心(あるいは重心)というものが定義されることが明らかとなった。それゆえ，質点系の力学を考える場合は，まず**質量中心にすべての質量が集中しているとみなせばよい**。この質量中心にある仮想の質点は，ニュートンの質点の運動方程式に正確にしたがって運動する。前述の2つの質点からなる棒の場合なら，その質量中心が正確な放物線を描くわけである。あとは，その質量中心に対して，2つの質点が相対的にどのような運動をするかを見つければ，この質点系の力学は完全に記述されたといえるわけである。

それぞれの質点が，質量中心に対してどのような運動をするかは，個別に見ていけばよいわけだが，質点の力学で成立したさまざまな法則が，ほとんどそのまま適用できる。以下にそれらを証明抜きに列挙してみよう(証明を省く理由は，我々の目的が，形式的で単純な数式の証明にあるのでなく，物理的イメージの把握にあるからである)。

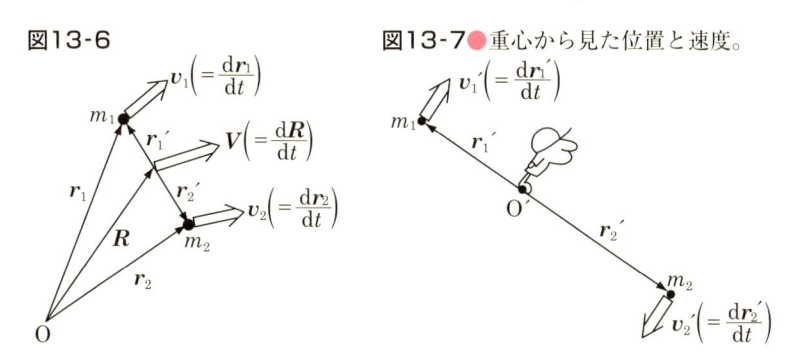

図13-6

図13-7● 重心から見た位置と速度。

いずれも，2質点について述べるが，質点の個数がいくらに増えても同じことである。図のように，質量中心を原点とみなした質点1と質点2の相対的な位置を，それぞれ r_1', r_2' としておこう。また，位置 r_1, r_2, r_1', r_2' に対応する速度を，それぞれ v_1, v_2, v_1', v_2'，R に対応する速度を V で表し，$m_1 + m_2 = M$ としておく。

まず，全体の運動エネルギーは，

$$\frac{1}{2}m_1v_1^2 + \frac{1}{2}m_2v_2^2 = \frac{1}{2}MV^2 + \left(\frac{1}{2}m_1v_1'^2 + \frac{1}{2}m_2v_2'^2\right)$$

つまり，質量中心の運動エネルギーと，それに相対的な運動エネルギーに分離できる。

運動量については，

$$m_1\boldsymbol{v}_1 + m_2\boldsymbol{v}_2 = M\boldsymbol{V}$$

となり，相対的な運動量はつねに 0 である ($m_1\boldsymbol{v}_1' + m_2\boldsymbol{v}_2' = 0$)。つまり，**質点系の運動量を考えるときは，質量中心のことだけを考えればよい**のである。これは，作用・反作用の法則によって，内力の和がつねに 0 となることの必然的な結果である。

次に角運動量であるが，これは運動エネルギー同様，質量中心に関するものと，質量中心に相対的なものに完全に分離できる。たとえば，

問 図のように，半径 r の軽い剛体棒が点 O を中心に一定の角速度 ω で左回りに回転しており，その先端に，長さ $2r'$ の軽い剛体棒の中点 M が固定され，この剛体棒は点 M に対して一定の角速度 ω' で左回りに回転している。この剛体棒の両端には，それぞれ質量 m の質点がとりつけられている。このとき，この 2 つの質点全体の，点 O に対する角運動量の大きさの合計はいくらか。

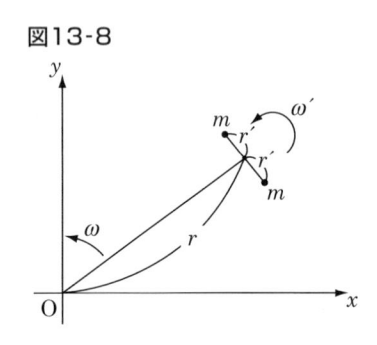

図13-8

解答

図13-9● 角運動量の向きは,回転方向にねじをひねったとき,ねじの進む方向。

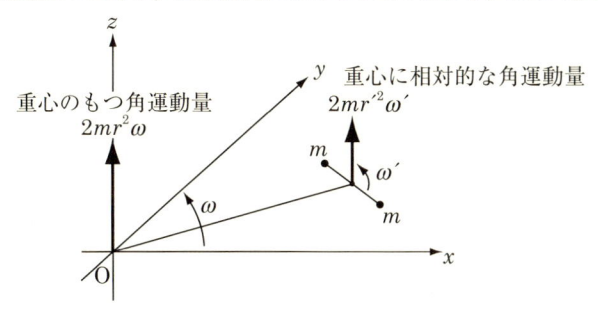

2つの質点の質量中心(重心)は,点 M である。そこで,質量中心の点 O に対する角運動量の大きさは,

$$L = r \times 2mr\omega$$

また,質量中心に対するそれぞれの質点の角運動量の大きさは,

$$l = r' \times mr'\omega'$$

角運動量の向きは,どちらも図の z 軸正方向だから,合計の角運動量の大きさは,そのまま足し算すればよい。よって,

$$L + 2l = 2m(r^2\omega + r'^2\omega')$$

演習問題 13-1

面密度が σ(一様) である，半径 a の半円板の重心 (質量中心) の位置を求めよ。

図13-10 ●面密度 σ の一様な半円板。

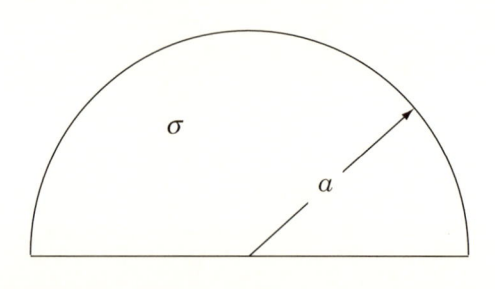

解答 & 解説 円板をたくさんの小片からなる質点系と考えて，質量中心の定義を使って求めればよい。

図13-11 ●対称性から，重心は y 軸上にある。すなわち $R_x = 0$。

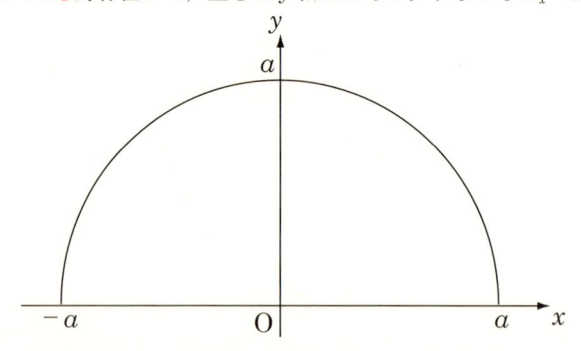

半円板の中心を原点 O として，図のように座標系をとると，その対称性から重心が y 軸上にあることは明らかである。すなわち，重心 $\boldsymbol{R}$ の x 座標，R_x は 0 である。そこで，y 座標に関する重心の定義式を書いてみる (重心の定義式は，ベクトル表示であった。それゆえ，x 成分，y 成分，z 成分，別々に式が書ける。その中の y 成分だけを書けばよいのである)。ベクトル $\boldsymbol{r}_i$ の y 成分を y_i として，

$$MR_y = m_1 y_1 + m_2 y_2 + m_3 y_3 + \cdots = \sum_i m_i y_i$$

図13-12 ● 質量 $\sigma \Delta x \Delta y$ の小片に分割。

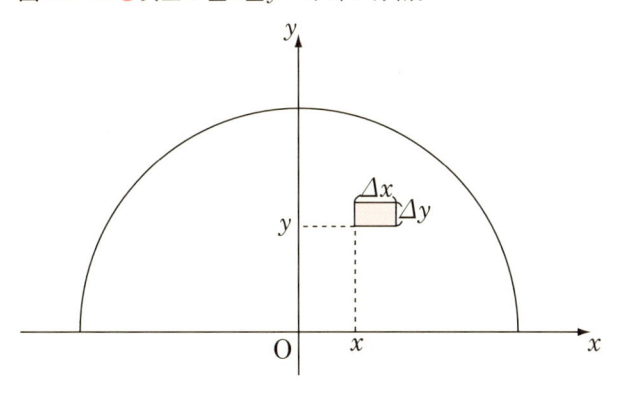

問題は，小片 $m_1, m_2, m_3, \cdots$ のとり方であるが，もちろん，どのような区分の仕方をしても，結果は同じはずである．たとえば，いちばん分かりやすいのは，図のように Δx と Δy で囲まれた小さな長方形をとればよい．そうすると，その長方形の質量は，$\sigma \Delta x \Delta y$ となる．そして，$\Delta x \to \mathrm{d}x$，$\Delta y \to \mathrm{d}y$ とすれば，全体の足し算は積分となるから，

$$MR_y = \iint y\sigma \, \mathrm{d}x \, \mathrm{d}y$$

もちろん，この積分は計算できるが，板の外周が円であるから，あまりスマートなやり方ではない（たとえば，x の積分の範囲は，y の値によって変わるから，0 から a などとできず，0 から $\sqrt{a^2 - y^2}$ などとしなければならない．周囲が矩形なら単純なのだが）．

図13-13 ● 小片は $\mathrm{d}r \times r\mathrm{d}\theta$ の長方形である．

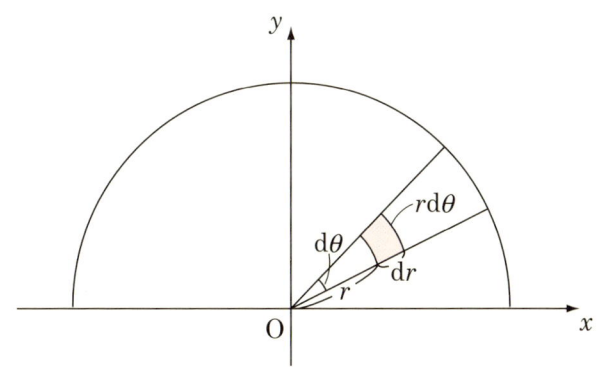

そこで，講義1に登場した極座標を用いて計算してみよう。このとき，小片は図のような形になるが，これを長方形とみなすところが，微積分のうまい「ごまかし」なのである（曲線をすべて直線とみなすのが，微積分の考え方の基本である。ぜひ慣れて，どんどん使って頂きたい）。小片の1辺の長さが dr であるのは問題ないだろう。問題は小片の円弧の長さであるが，これは円運動のところで何度も出てきたから，もうおなじみであろう。半径 r で角度が $d\theta$ であるから，$rd\theta$ である。よって，この小片の質量は，$\sigma dr \cdot rd\theta$ となる（要するに面密度×長方形の面積である）。

さて，これも図から分かるように，y の長さは $r\sin\theta$ である。そこで，

$$MR_y = \iint y\sigma\, dr\cdot rd\theta = \sigma\iint r^2 \sin\theta\, dr\, d\theta$$

となる。

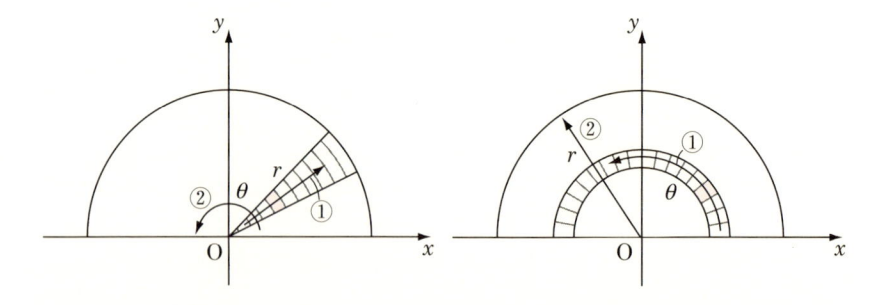

図13-14 r 方向に走査してから θ 方向に回転しても，θ 方向に回転してから r 方向に走査しても同じ。

積分の範囲は，もちろん，r が 0 から a まで。θ が 0 から π までである。2重積分になっているが，何も恐れることはない。少なくともふつうの力学の範囲内であれば，積分の順序はどちらからやっても支障ない。要するに，小片を足していくときに，r 方向にずーっと走査してから，θ 方向の回転に移るか，先に θ 方向に回転し（スライスされた玉ねぎのように輪状になる），その後，r 方向に半径を拡げて走査していくか，どちらでも結果は同じになるはずである。

一応，細かく式を書けば，

$$MR_y = \sigma \int_0^\pi \sin\theta \left(\int_0^a r^2 dr\right) d\theta$$

$$= \sigma \int_0^\pi \sin\theta \cdot \left[\frac{1}{3}r^3\right]_0^a d\theta$$

$$= \sigma \frac{1}{3}a^3 \int_0^\pi \sin\theta\, d\theta$$

$$= \frac{\sigma a^3}{3}\left[-\cos\theta\right]_0^\pi = \frac{2\sigma a^3}{3}$$

M はもちろん,面密度 σ ×半円板の面積であるから,

$$M = \frac{\sigma \pi a^2}{2}$$

よって,

$$R_y = \frac{4a}{3\pi}$$

となる。◆

実習問題 13-1

なめらかな水平面上に,質量 M の質点 A と質量 m の質点 B が,ばね定数 k,自然長 l の軽いつるまきばねの両端につながれて静止している。いま,質点 A に,ばねが縮む方向に瞬間的に衝撃力を与えたところ,質点 A は速さ v_0 で動きはじめた。このあと,この質点系はどのような運動をするか。

図13-15

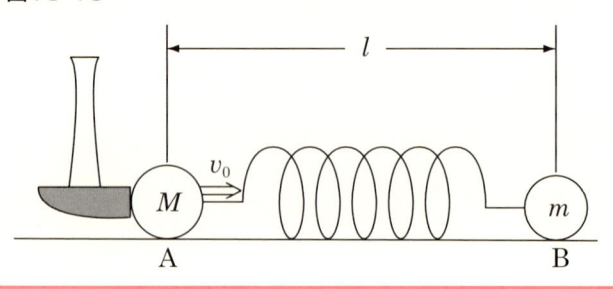

解答 & 解説

重心(質量中心)とそれに相対的な運動に分けて考えればよい。

まず重心は,ばねの長さ l を m 対 M に分ける点である。

図13-16

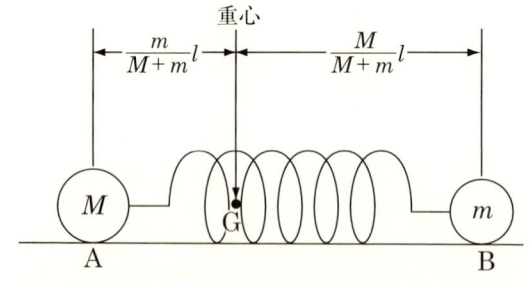

このような物体の重心を求める手っとり早い方法は,ばねを軽くてかたい棒と考えて,どこに支点を置けば,棒が回転せずにつりあいがとれるかを見ればよい。すなわち,重力によるモーメントがつりあう点を探せばよい。重力のモーメントは,重力×腕の長さであるから,質量が $M:m$ なら,腕の長さは $m:M$ にすればつりあう。

あるいは,質量中心の定義そのままを計算してもよい。質点 A の位置を原点として,質点 B の方に向かって座標軸をとれば,

$$(M+m)R = M \times 0 + m \times l$$

$$\therefore R = \frac{ml}{M+m}$$

さて，質点 A に衝撃力が与えられたあと，水平方向に働く外力はないから，重心 G はその後，等速直線運動をつづけるはずである。その速さは，質点系全体の運動量を見ればよい(全体の運動量は，重心の運動量だけになるはずであった)。

最初，質点 A の速さは v_0 であるが，質点 B の速さは 0 である。そこで，重心 G の速さを V_0 として，

$$Mv_0 + m \times 0 = (M + m)V_0$$

$$\therefore\ V_0 = \boxed{\text{(a)}}$$

図13-17● このあと重心 G は速さ V_0 の等速直線運動をつづける。

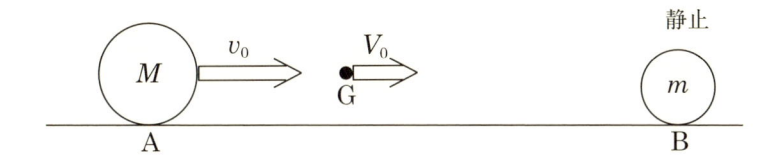

あとは，この重心の等速直線運動に対して，質点 A と質点 B がどんな運動をするかを調べればよい。そのためには，重心の位置に乗ってみよう。

図13-18● 重心から見ると，A と B はばねが縮む方向に単振動をはじめる。

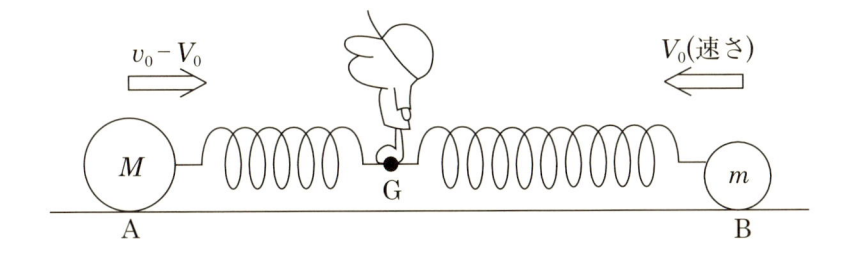

静止している立場から見ると，最初，質点 A の速さは v_0，重心 G の速さは V_0，質点 B の速さは 0 であるから，重心 G から見ると，質点 A は $v_0 - V_0$ で近づき (ばねを縮め)，質点 B は V_0 で近づく (ばねを縮める)。つまり，重心の位置に一端を固定された 2 本のばねがあり，それぞれの他端に質点 A と質点 B がつながれている。最初はばねは自然長であるから，質点 A, B はともに自然長から縮む方向に運動をはじめることになる。そのような 2 つの単振動と考えればよい。

図13-19● 同じ材質のばねでも，長ければ柔らかく，短ければかたい。

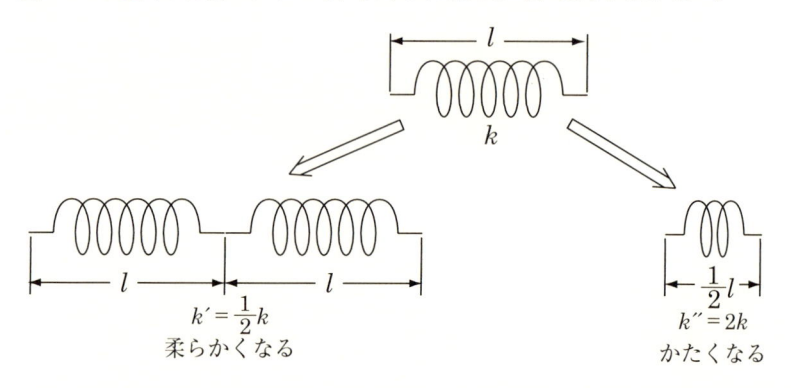

l
k

l　　l
$k' = \dfrac{1}{2}k$
柔らかくなる

$\dfrac{1}{2}l$
$k'' = 2k$
かたくなる

　このとき注意すべきことは，ばねの長さが変わると，ばね定数も変化することである。同じ材質でできたばねなら，長ければ柔らかく，短ければかたい。ばね定数とは，ばねのかたさに他ならないから，ばねの長さとばね定数は反比例する。そこで，質点 A がつながれたばねのばね定数を k_1，質点 B がつながれたばねのばね定数を k_2 とすれば，

$$k_1 = \frac{M+m}{m}k, \quad k_2 = \frac{M+m}{M}k$$

　これを用いて振動の周期 T を求めると，(もともと 1 本のばねだから，とうぜんのことではあるが) 質点 A も質点 B も同じ周期で振動することが分かる。

$$T = 2\pi\sqrt{\frac{M}{k_1}} = 2\pi\sqrt{\frac{m}{k_2}} = \boxed{\text{(b)}}$$

　振動の振幅 A_1, A_2 は，力学的エネルギー保存則より，

$$\frac{1}{2}M(v_0 - V_0)^2 = \frac{1}{2}k_1 A_1^2$$

$$A_1 = \sqrt{\frac{Mm}{k(M+m)}} \cdot \frac{mv_0}{M+m}$$

同様にして,

$$A_2 = \sqrt{\frac{Mm}{k(M+m)}} \cdot \frac{Mv_0}{M+m}$$

となる。すなわち，ばね全体としての振幅 A は,

$$A = A_1 + A_2 = \boxed{\text{(c)}}$$

これは，質量 $Mm/(M+m)$ の1つの質点の単振動の場合の振幅である。この $Mm/(M+m)$ を，この質点系の**換算質量**ということがある。◆

連結されたばねの運動は，質点系の典型的な例であり，量子力学の導入部などにも登場する。真空の空洞の中に閉じ込められた光は，無数の単振動の集まりとして記述できるのである。

これ以外の質点系に特有の問題として，2物体の衝突問題がある。衝突においては，運動量保存則が最有力の解法になるが，その他にはねかえり係数なども登場する。それらに詳しくない人は，ひとまず高校物理の衝突に関するところを学んでほしい。大学初年級で学ぶ衝突も，ほぼそれと同じである。

(a) $\dfrac{Mv_0}{M+m}$　(b) $2\pi\sqrt{\dfrac{Mm}{k(M+m)}}$　(c) $\sqrt{\dfrac{Mm}{k(M+m)}}\,v_0$

講義 LECTURE 14 剛体の力学

　剛体とは，文字通り，かたくて形の崩れない物体のことである。日常感覚でいうとかたい固体のことであるが，厳密性を求める人のために定義すれば，**全体を構成するすべての質点の相対的な位置関係が変化しない質点系**のことである。この世のすべての物質は原子からできており，原子はつねに熱運動しているから，マクロに見たときかたい物体でも，厳密な意味では剛体とはいえない。しかし，テコや歯車，こまの運動などを考えるときに，それらを剛体とみなしてよいのはとうぜんである。

　ようかんやプリンのような柔らかい物体は，弾性体と呼ばれる。コンクリート・ブロックは，日常感覚では剛体であるが，材料の重みや地震などに耐えうる建築ブロックとして考えるときには，弾性体の力学を適用しなければならない。

　直感的に考えても，剛体の方が弾性体より扱いが簡単である。流体となると，弾性体よりさらに扱いが難しい。1個1個の分子は，他の分子からほとんど拘束されることなく，勝手気ままに動き回るからである。この勝手に動き回るというイメージから，**自由度**という考え方が生まれてくる。

　図14-1 ● 1つの質点は3方向に自由に動けるから，自由度3である。

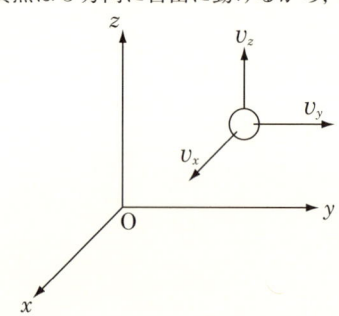

●剛体の自由度

　たとえば，1個の質点を考える。この質点が何ものにも拘束されず空間の中にいるとき，3方向（x, y, z方向）に自由に動ける。そこでこのとき，この質点の自由度は3であると決める。

　それでは，質点が2個あるときはどうかといえば，もちろん自由度6である。N個あれば，自由度$3N$である。こうして，質点の数が増えれば自由度はどんどん増えて，それだけ扱いが難しくなる。1000個の自由に動ける質点からなる質点系の自由度は3000であり，その運動を確定するためには（x, y, z成分に分解した）3000の運動方程式を解かなければならなくなる。

図14-2● AとBを固定すると，ABを結ぶ軸のまわりの回転しかゆるされない。

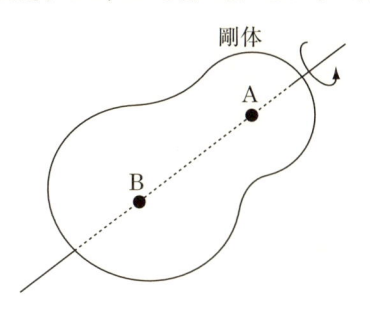

　しかし，1000個の質点からなる剛体ならどうだろう？　ちょっとイメージしてみよう。まず剛体の中の1つの質点Aを固定する。すると，この剛体はもはやほとんど移動できないが，固定された点Aのまわりに，かなりの自由度をもって回転できる。そこで，別のもう1つの質点Bを固定してみる。すると，この剛体は点Aと点Bを結ぶ軸のまわりの回転だけがゆるされる。さらに，ABを結ぶ直線上にないもう1つの質点Cを固定すると，もはや剛体は身動きできない。言い換えれば，3点A，B，Cの位置が決まれば，他の997個の質点の位置は自動的に決まるということである。この段階で，この剛体の自由度は3000から一気に9以下になることが分かる。

図14-3 ●AとBが固定されると，Cの自由度は1である。

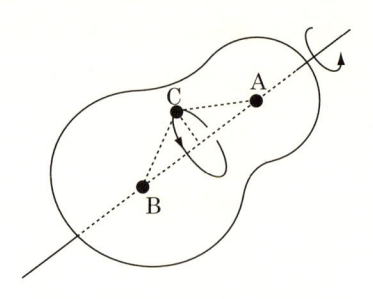

しかし，3点A, B, Cは勝手気ままに動けるわけではない。かりに点Aは自由に動けるとしよう。すると，Aの自由度は3である。このとき，点Bは点Aからの距離が一定という拘束を受けている。つまり点Aを中心とする球面上しか動けない。球面は2次元平面だから，点Bの自由度は2である。点Aと点Bが決まると，点CはABを結ぶ直線を軸とする回転しかゆるされない。つまり，点Cは軸ABから一定の距離の円周上でしか動けない。円周は1次元の曲線だから，点Cの自由度は1である（点Cの位置は，ABを軸としたときの1つの回転角だけで決められる）。

ということで，けっきょく，いくら質点の数が多くても，剛体の自由度はつねに3＋2＋1＝6である。言い換えると，剛体の運動を決めるには，6つの運動方程式があればよいということになる。

●剛体の運動方程式

そこで，この6つの方程式を求めることにしよう。賢明な読者の方々には，すでに見当がついているであろう。

まず，**重心の運動方程式**がある。

$$M\frac{\mathrm{d}^2 \boldsymbol{R}}{\mathrm{d}t^2} = \boldsymbol{F}$$

これはベクトルの式であるから，x, y, z 成分に書き下せば，3つの方程式となる（もちろん，重心ではなく任意の質点Aの運動方程式でもかまわないが，重心にしておけば，何かと便利であろう）。

残り3つは何かといえば，それは重心（なり固定点）のまわりの回転

であろう．回転といえば，角運動量である．講義 10 の「**力のモーメントは，角運動量を変化させる**」の式を思い起こして頂きたい．重心のまわりの全角運動量を L，すべての質点に働く外力のモーメントの和を N とすれば，

$$\frac{\mathrm{d}L}{\mathrm{d}t} = N$$

これもまたベクトル式であるから，成分に書き下せば 3 つの方程式となる．つまり，理屈の上からいうと，剛体の運動は，重心の運動方程式とそのまわりの角運動量の方程式ですべて決まるということである．

問 質量の無視できる剛体棒で結ばれた，2 つの質点からなる剛体の自由度はいくらか．

解答 2 質点だから，本来，この系の自由度は 6 である．しかし，互いの距離が変わらないという拘束条件によって，自由度は 1 つ減る．よって，この系の自由度は 5 である．

図14-4 回転 3 があるように見えるのは，m_1, m_2 が質点ではなく拡がりをもって描かれているからである．

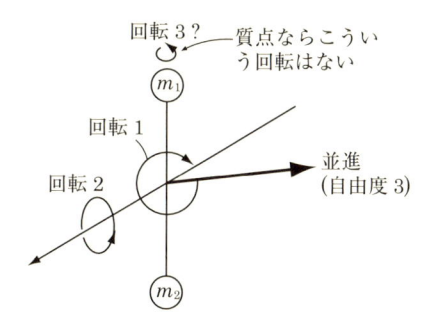

これを並進運動と回転に分けてみると，まず重心の運動方程式が 3 つ．回転は 3 方向あるように見えるが，じつは 2 質点を結ぶ剛体棒を軸とする回転には自由度がない（そもそも質点であるかぎり，このような回転はない）．よって，回転の方程式は 2 つとなるのである．

さて，**剛体の運動方程式で面白いのは，もちろん回転の方である**．ここからは，ある軸のまわりの回転ということに着目しながら話を進めよう．そこでまず，次の問題に挑戦して頂きたい．

> **演習問題 14-1**
>
> 一定の角速度 ω で回転している半径 a の円板がある。回転軸は，円の中心を通り，円板に垂直である。円板の材質は一様，厚さも一定で，質量は M であるとする。この円板のもつ角運動量と運動エネルギーを求めよ。
>
> **図14-5**

解答 & 解説 講義 13 の演習問題でも見たように，円板を小片に分割して考えればよい。まず，図 14-6 のような $dr \times rd\theta$ の小片がもつ角運動量(腕の長さ×運動量)dL を求めよう。

図14-6 ● いつものごとく，$dr \times rd\theta$ は長方形とみなす。

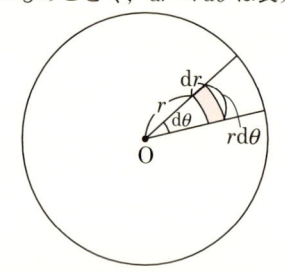

角運動量はベクトルであるが，この場合，その方向はどの小片をとっても，回転軸の方向を向く。そこで，以下の計算はすべて角運動量の大きさだけを求めるものとする。

図14-7 ● どの小片がもつ角運動量も向きは同じ（円板に垂直上向き）。

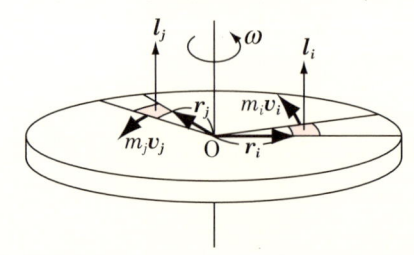

円板の面密度を σ としておくと，小片の質量は，$dm = \sigma \times dr \times rd\theta$ である。また，その速度は $v = r\omega$，回転の腕の長さは r であるから，

$$dL = r \times dm \times v$$
$$= r \times \sigma dr \times rd\theta \times r\omega = \sigma r^3 \omega\, dr\, d\theta$$

全角運動量は，これを円板全体にわたって積分すればよいから，

$$L = \sigma\omega \iint r^3\, dr\, d\theta$$

積分の範囲は，r が 0 から a まで，θ が 0 から 2π までだから，

$$L = \frac{\pi}{2} a^4 \sigma\omega$$

円板の質量は，$M = \sigma\pi a^2$ だから，

$$L = \frac{M}{2} a^2 \omega \quad \cdots\cdots(\text{答})$$

次に小片の運動エネルギーは，

$$dK = \frac{1}{2} dm v^2 = \frac{1}{2} \sigma dr \times rd\theta \times (r\omega)^2$$

よって，

$$K = \iint dK = \iint \frac{1}{2} \sigma\omega^2 r^3\, dr\, d\theta$$
$$= \frac{\pi}{4} \sigma a^4 \omega^2 = \frac{1}{4} M a^2 \omega^2 \quad \cdots\cdots(\text{答}) \quad \blacklozenge$$

●慣性モーメント

　講義 10 で見たように，角運動量は運動量との類似から導かれたものであった。運動量が直線運動の「勢い」のようなものであるとすれば，角運動量は回転運動の「勢い」のようなものである。剛体からふたたび 1 質点に戻って，ある回転軸 O のまわりを角速度 ω で回転している質量 m の質点を考える。O からの距離を r とすれば，この質点のもつ角運動量は，

$$L = r \times mr\omega = mr^2\omega$$

である。いま，運動量と角運動量の対応関係からして，運動量＝質量×速度であるなら，角運動量＝何か×角速度とするのが妥当であろう。1 質点の場合，上の式から，この「何か」は，mr^2 であることが分かる。

　剛体の場合 (剛体を構成するすべての質点は軸 O のまわりに同じ角速度 ω で回転しているから，定数 ω だけをくくりだして)，この「何か」は，mr^2 を剛体全体にわたって足し算したものであればよい。これを記号 I で表せば，

$$I = \sum_i m_i r_i^2$$

この I を用いると，角運動量は，

$$L = I\omega$$

と書ける。つまり，I は運動量 mv における質量 m に対応するものである。質量が大きければ物体は運動しにくいし，小さければ運動しやすい。同じように，I が大きければ，その剛体は回転しにくいし，小さければ回転しやすい。いわば回転の慣性を表している。それゆえ，この I のことを，この剛体の「この」回転軸に関する**慣性モーメント**と呼ぶ。

　図14-8●慣性モーメントは，「回転における質量」のようなもの。

$$\text{運 動 量} \quad = \quad \underset{\text{質量}}{m} \quad \times \quad \underset{\text{速度}}{v}$$

$$\text{角運動量} \quad = \quad \underset{\text{慣性モーメント}}{I} \quad \times \quad \underset{\text{角速度}}{\omega}$$

「この」を強調したのは，いうまでもなく回転軸が変われば，慣性モーメントも変わるからである。しかし，回転軸を固定してしまうと，mr^2 は，剛体の密度や形で決まってしまうから，慣性モーメントは剛体に固有の定数である。

たとえば，演習問題 14-1 の円板の場合の（中心軸に関する）慣性モーメントは，

$$I = \frac{Ma^2}{2}$$

である。この I を使って，問題の答えを書けば，**角運動量**は，

$$L = I\omega$$

運動エネルギーは，

$$K = \frac{1}{2}I\omega^2$$

となる。運動エネルギーもまた，質点の $\frac{1}{2}mv^2$ に対応して，I が質量 m の役割を果たしているのが分かるであろう。

慣性モーメント I を用いる現実的な理由は，どんな剛体でも，角運動量や運動エネルギーを同じ式で書けるからである。問題でやったようにいちいち積分するのではなく，最初から慣性モーメントをあらかじめ計算しておけば，角運動量や運動エネルギーを自動的に表現できるのである。これが慣性モーメントという量が重宝されるゆえんである。

問 ある剛体が 1 本の回転軸のまわりを回転している。この剛体のこの回転軸に関する慣性モーメントを I，回転の角速度を ω，この剛体に働く外力のモーメントの合計を N として，回転の運動方程式を書け。

解答 講義 10 で導いた**回転の運動方程式**，$dL/dt = N$ において，$L = I\omega$ とすればよい。

$$I\frac{d\omega}{dt} = N$$

I は，もちろん微分記号の中に入れてもよいが，定数なので外に出しておいた。**この運動方程式は，質点の運動方程式 $m\,dv/dt = F$ に完全に対応している。**

実習問題 14-1　一様な密度の球体の，中心を通る軸に関する慣性モーメントを，球体の半径 a と質量 M を用いて表せ。

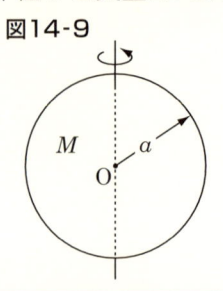

図14-9

解答 & 解説　これもまた積分の練習問題である。球体なので3次元の球座標の積分をしなければならない（講義1，図1-6参照）。大学物理では頻出なので，この機会にぜひコツを体得しておこう。

図14-10 ● 立体をイメージする頭の体操。直方体の1辺が $r\sin\theta\,d\psi$ であることを納得しよう。

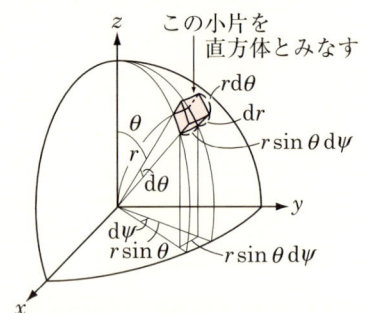

　最大のポイントは，3次元なので直方体となる小片のそれぞれの辺の長さを正しく求めることに尽きる（図）。円板のときと同じように，2辺は dr と $r\,d\theta$ である。間違いやすいのは，もう1つの辺を $r\,d\psi$ とやってしまうことであろう。$d\psi$ という角度は，図のように xy 面上で測った角度であるから，その腕の長さは $r\sin\theta$ であり，けっきょく小片のこの1辺の長さは，$r\sin\theta\,d\psi$ としなければいけない。

　ここを乗り切れば，あとは機械的な計算をするだけである。ただし，1点だけ注意しておかなければならないのは，慣性モーメントの式中，r_i の意味は，小片の回転軸に対する腕の長さである。それゆえ，この場合，

図のz軸が回転軸だから，小片からz軸に下ろした腕の長さ，すなわち$r\sin\theta$としておかなければならない。

小片の質量は，球の密度をρとすれば，$\rho\times dr\times rd\theta\times r\sin\theta d\psi$であるから，

$$I = \int_0^{2\pi}\int_0^{\pi}\int_0^a (r\sin\theta)^2 \cdot \rho r^2 \sin\theta \cdot dr\,d\theta\,d\psi$$

$$= \boxed{\text{(a)}}$$

$\sin^3\theta$の積分がちょっとやっかいであるが，ここは三角関数の公式をそのまま使わせてもらおう。3倍角の公式より，$\sin^3\theta = (3\sin\theta - \sin 3\theta)/4$である。

よって，

$$\int_0^{\pi}\sin^3\theta\,d\theta = \frac{1}{4}\int_0^{\pi}(3\sin\theta - \sin 3\theta)d\theta = \frac{1}{4}\left[-3\cos\theta + \frac{1}{3}\cos 3\theta\right]_0^{\pi}$$
$$= \frac{4}{3}$$

であるから，

$$I = \boxed{\text{(b)}}$$

一方，球の質量は，$M = \frac{4}{3}\pi a^3 \rho$であるから，慣性モーメント$I$を$M$を用いて表せば，

$$I = \boxed{\text{(c)}} \quad \cdots\cdots(\text{答}) \quad \blacklozenge$$

慣性モーメントを求めること自体は，積分の練習のようなものである。ある程度練習したら，あとはいろいろな物体に関する慣性モーメントの表がテキストに掲載されているから，それをそのまま使えばよい。

残された問題は，慣性モーメントを使ってすっきりした表現になった剛体の力学を，個々の具体的な問題にどう適用していくか，ということである。最終の講義15で，いよいよ具体的な問題に挑戦してみよう。

(a) $\rho\int_0^{2\pi}\int_0^{\pi}\int_0^a r^4\sin^3\theta\,dr\,d\theta\,d\psi$ (b) $\rho\cdot 2\pi\cdot\frac{4}{3}\cdot\frac{a^5}{5}$ (c) $\frac{2}{5}Ma^2$

講義 LECTURE 15 剛体運動の具体例

　前回で，基本的な剛体の運動については，ほぼ説明を終えた。むろん，それらで剛体の運動のすべてが分かるわけではない。たとえば，円や球ではなく，楕円体や，あるいはもっと複雑な形状をした剛体の慣性モーメントを求めることはたやすくない。あるいは，1本の回転軸のまわりではなく，1点だけが固定されて，その点のまわりに自由に動けるような運動の場合には，慣性モーメントだけでは役に立たなくなる。しかし，それらはいささか専門的であって，大学初級の力学の範囲を逸脱するので，ここでは言及しない。

　今回は，前回学んだことによって，どのような問題が解けるのか。その具体例を2つばかり見てみよう。

　いずれの問題も，解法のポイントはただ1つ，剛体の回転の運動方程式

$$I \frac{d\omega}{dt} = N$$

を立てることに尽きる。計算自体は簡単なものを選んだので，自ら式を書く練習をすることによって，角運動量や慣性モーメントなどの概念に慣れ親しんで頂きたい。

演習問題 15-1

水平と θ の角をなす斜面上に，質量密度が一様な球があり，斜面を転がっている。斜面には摩擦があり，そのため球は斜面を滑ることなく回転するものとする。このとき，球（の重心）が斜面に対して動く加速度の大きさを求めよ。

図15-1

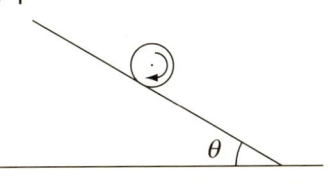

ヒント！ 球と斜面の間に働く摩擦力は，静止摩擦である。ある瞬間，球の表面の1点は斜面に接しているが，この摩擦力のために斜面を（ズルッーと）滑ることがない。接した点では静止し，球の重心（やそれ以外の部分）が落ちていくのである。

解答 & 解説

高校物理の復習であるが，球ではなく質点（あるいは，回転しない小物体）が，摩擦のない斜面を滑る場合の加速度はいくらだろうか。

図15-2 ● 回転がなく滑る場合

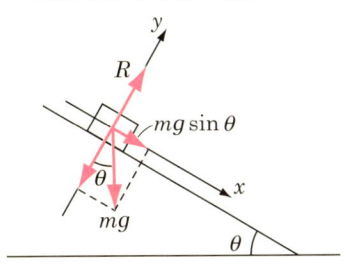

図から分かるように，斜面に沿った方向（x 軸方向）の力は，重力の成分 $mg\sin\theta$ だけなので，x 軸方向の運動方程式は，

$$m\frac{dv}{dt} = mg\sin\theta$$

よって，このときの加速度は，$dv/dt = g\sin\theta$ である。

本問題は，球という剛体の場合には，この加速度がどう変わるかを見ようという問題である。

これまでに学んだことを忠実に実行していけば，解くことができる．

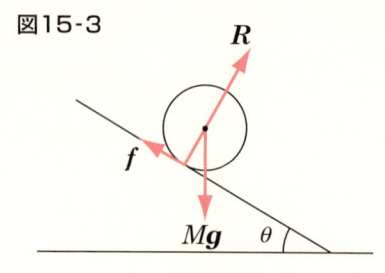

図15-3

まず，この球に働く外力をすべて書き入れよう．球の質量を M とすると，下向きに Mg．この重力は球の重心，すなわち球の中心に働いていると考えてよい．

これ以外に球に働く外力は，接している斜面からの力しかない．面からの力は，高校物理で学んだように，垂直抗力と摩擦力である．これを R と f としておこう．摩擦力の向きは，球を下に滑らせないのだから，もちろん斜面に沿って上向きである．ヒントにもあるように，これは静止摩擦力である．

球の重心の運動方向は x 軸方向だから，この方向の重心の運動方程式を書くと，

$$M\frac{dv}{dt} = Mg\sin\theta - f \quad \cdots\cdots ①$$

図15-4 ●この瞬間，点 P が静止しているから，重心 G は $v = a\omega$ で回転しようとする．

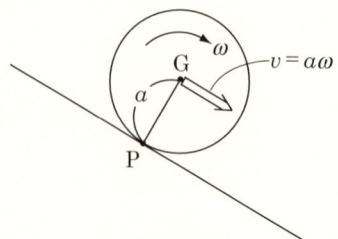

ここで，v は重心が斜面に沿って落ちていく速度であるが，この速度は球の半径 a と回転の角速度 ω を用いて，$v = a\omega$ と書ける．なぜなら，斜面との接触点 P が静止しているとすれば，球の重心はこの瞬間，図のように接触点 P に対して角速度 ω の回転運動をしようとしているか

らである (じっさいには，接触点は次々に変わり，重心は回転するのではなく，直線運動をする)。すなわち，

$$v = a\omega \quad \cdots\cdots ②$$

図15-5●Gに働くモーメントはfaだけ。

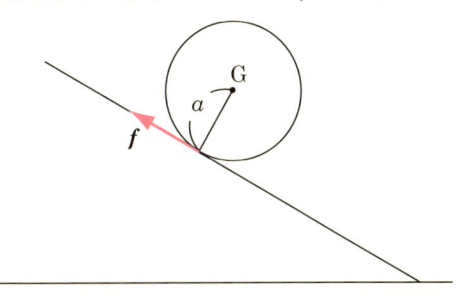

あとは，回転の運動方程式を立てればよい。回転軸は重心を通るから，前回求めた球の中心軸に関する慣性モーメント $I = 2Ma^2/5$ が使える。回転のモーメントに効く力は，斜面からの摩擦力fだけである。なぜなら，重力は重心に働いているからモーメント0であり，斜面からの垂直抗力は回転の腕と同じ方向で，回転には効かないからである。摩擦力fは回転の腕に対して直角方向だから，モーメントの大きさは，faである。そこで，

$$I\frac{d\omega}{dt} = fa \quad \cdots\cdots ③$$

①②③の3つの式に対して，未知数はv, ω, fの3つであるから，これは解ける。じっさい計算は簡単で，たとえば，①式と③式からfを消去し，②式の関係から，$\omega = v/a$とすれば，dv/dtがすぐに求まる。

$$M\frac{dv}{dt} = Mg\sin\theta - \frac{I}{a^2}\frac{dv}{dt}$$

$$\therefore \quad \frac{dv}{dt} = \frac{Mg\sin\theta}{M + \frac{I}{a^2}}$$

$I = 2Ma^2/5$ を代入すれば，

$$\frac{dv}{dt} = \frac{5}{7}g\sin\theta \quad \cdots\cdots (答)$$

質点の場合の加速度は，$g\sin\theta$であったから，その5/7倍になると

いうことである。このように加速度を小さくしている原因は摩擦力であるが、これは静止摩擦力であるため、球に対して仕事をしない。だから、この球の力学的エネルギーは保存されるのである。そうすると、質点の場合との差額の 2/7 の分の運動エネルギーはどこに消えたのか。

もちろん、それは球の回転のエネルギーに転嫁されたわけである。適当な基準点から球の重心までの高さを h として、力学的エネルギー保存則を書けば、

$$\frac{1}{2}Mv^2 + \frac{1}{2}I\omega^2 + Mgh = 一定$$

位置エネルギー Mgh が小さくなっていけば、その分、$\frac{1}{2}Mv^2$ だけでなく、$\frac{1}{2}I\omega^2$ も大きくなっていく（つまり、回転が速くなる）。

図15-6●位置エネルギー Mgh が減る分だけ、$\frac{1}{2}Mv^2$ と $\frac{1}{2}I\omega^2$ の運動エネルギーが増える。

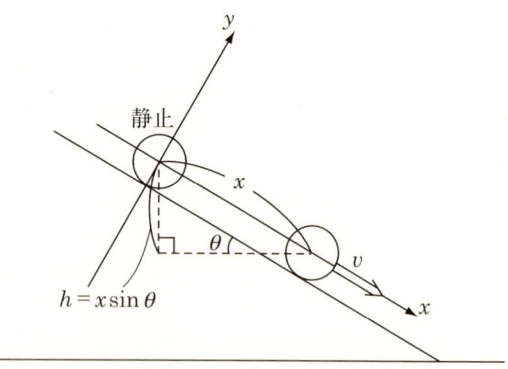

最初に球が静止している点を基準点にすれば、全力学的エネルギーの値は 0 となる。重心の x 座標が x のとき、$h = -x\sin\theta$ であるから、この力学的エネルギー保存則から、v や ω を求めていくこともできる。意欲ある人は、ぜひ試みてみよう。◆

さて、剛体運動の花形といえば、こまの運動であろう。回転しているこまは、回転軸が傾いていても、容易には倒れず、いわゆるみそすり運動（**歳差運動**）をする。この歳差運動についての大まかな解析をおこなって、本力学ノートのしめくくりとしよう。

実習問題 15-1

角速度 ω で自転しながら，ゆっくりと歳差運動しているこまがある。このこまの質量を M，自転軸に関する慣性モーメントを I とし，こまは完全に軸対称で，床面に接触している回転軸の先端は動かず，この先端が床面から受ける摩擦力によるエネルギーのロスは無視できるものとする。また，この回転軸の先端からこまの重心までの距離を l とする。さらに，こまの自転の角速度 ω は，歳差運動の角速度に比べて十分に大きいと仮定して，歳差運動の角速度 Ω を求めよ。

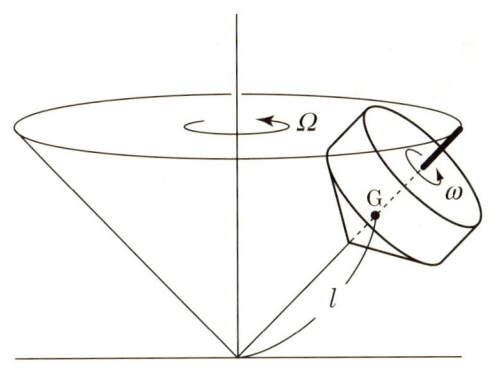

図15-7

解答＆解説 じつは，こまの運動を完璧に解くことは非常に難しい。歳差運動以外にも章動というものがあり，これらを全部含めて答えを求めるには，複雑な数式をたどらなければならない。我々がこれまでやってきたことが，晴れた日のハイキングであるなら，こまの完全理解は冬季のアイガー北壁を登るようなものであろう。しかし，それは不可能なことではない。幸い，物理の勉強は命がけでやるものではないから，興味のある人はゆっくりでいいから着実に一歩一歩登っていけばいいのである。

余談はさておき，それゆえこれから述べる解答は，ごく直感的なものである。目標は，回転しないこまなら重力によって倒れてしまうのに，速く回転するこまはなぜ倒れないのか，倒れる代わりにみそをするような運動をするのはなぜか，その直感的理解である。

図15-8 回転軸の先端を原点に選べば，考えるべきモーメントは重力 Mg の分だけ．

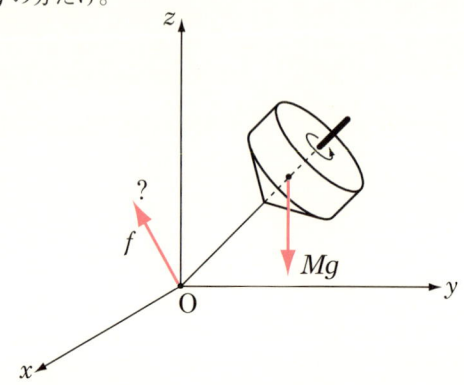

まず，このこまに働く力は，重力と回転軸の先端が床面から受ける力だけである．回転軸の先端は，こまの自転軸上でもあり，歳差運動の軸上でもあるから，原点に選ぶとすればこの点しかない．そして，そうすれば，床からの力の回転のモーメントは 0 となる．そこで，回転運動については，重力の効果だけを考えればよいことになる．

図15-9 L_G は $I\omega$ に比べて無視できる．

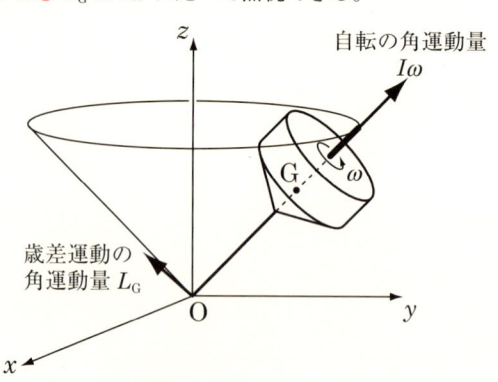

こまのもっている全体の角運動量は，

歳差運動による重心の角運動量＋重心のまわりの自転による角運動量

であるが，問題文の条件より，歳差運動による重心の角運動量は無視することにする（これで問題がずっと簡単になる）．すると，自転軸に関する回転の運動方程式は，

$$I\frac{d\boldsymbol{\omega}}{dt} = \boxed{\text{(a)}}$$

　角運動量 $I\boldsymbol{\omega}$ の向きは，こまの自転軸の方向である（図のような回転であれば，軸の上向き）．外力のモーメント $\boldsymbol{N}$ は，重力がこま全体に及ぼすモーメントであるが，それはすべての質量が重心にあり，その重心に関するモーメントとみなしてよいから，重心の位置ベクトルを $\boldsymbol{l}$ として，

$$\boldsymbol{N} = \boxed{\text{(b)}}$$

図15-10 ● N は水平で，歳差運動の円の接線方向となる．

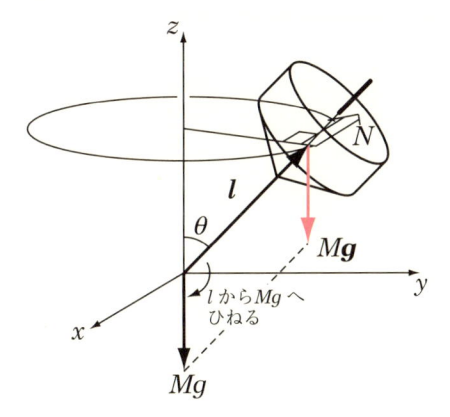

　$\boldsymbol{N}$ の向きは，$\boldsymbol{l}$ から $M\boldsymbol{g}$ にねじをひねる方向だから，ベクトル $\boldsymbol{l}$ と $M\boldsymbol{g}$ が作る平面に直角，すなわち水平で歳差運動の円の接線方向となる．その大きさは，z 軸とこまの軸がなす角を θ として，$lMg\sin\theta$ である（図のように θ をとると，$lMg\sin(\pi-\theta)$ であるが，$\sin(\pi-\theta) = \sin\theta$ である）．

　けっきょく，回転の運動方程式がいっていることは，短い時間 dt の間に，角運動量ベクトル $I\boldsymbol{\omega}$ は $\boldsymbol{N}dt$ だけ変化するということである（$Id\boldsymbol{\omega} = \boldsymbol{N}dt$）．それを描けば，図15-11のようになるであろう．

図15-11● 短い時間 dt に加わるモーメント Ndt は，
角運動量を $I\omega$ から $I(\omega + d\omega)$ に変化させる。

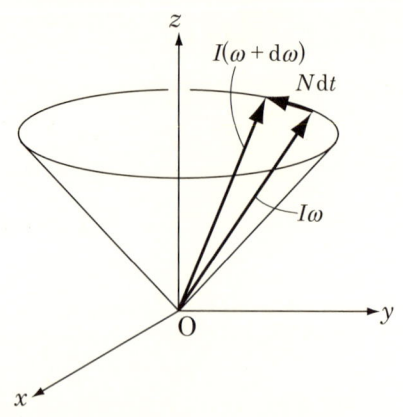

　図から分かるように，変化 Ndt は，水平方向かつ，もとの角運動量 $I\omega$ に直角である。それゆえ，$I\omega$ の大きさは変えずに，向きを z 軸のまわりに回転させる方向に働く。角運動量ベクトル $I\omega$ がそのように移動するということは，こまの自転軸がそのように移動するということに他ならないから，それはこま自体が倒れずに z 軸のまわりにみそすり運動をするということを意味する。これこそが歳差運動の起こる原因のすべてである。

図15-12● 円弧を求める方法より，Nd$t = I\omega \sin\theta \times \Omega$d$t$。

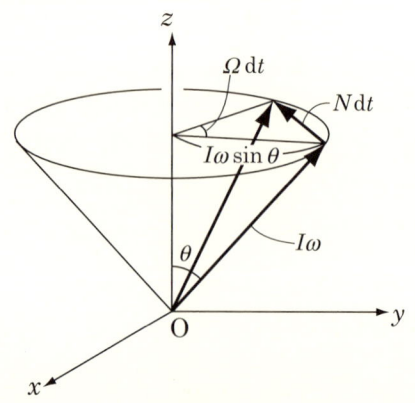

　ところで，$I\omega$ を変化させるモーメント Ndt は，z 軸の回転，すなわち歳差運動の変化分であるから，このときの回転角は歳差運動の角速度

Ω を用いて，$\Omega\,dt$ である。図のように，腕の長さは $I\omega\sin\theta$ であるから，けっきょく，

$$N\,dt = \boxed{\text{(c)}}$$

重力によるモーメントの大きさは，$N = lMg\sin\theta$ であったから，

$$\Omega = \boxed{\text{(d)}} \quad \cdots\cdots(\text{答})$$

となる。

　この結果から分かることは，歳差運動の角速度は，こまの傾き (θ) とは関係ないということ，こまの自転 (ω) が速ければ速いほど，歳差運動はゆっくりになるということ，等々である。◆

(a) N　　(b) $\boldsymbol{l} \times M\boldsymbol{g}$　　(c) $I\omega\sin\theta \cdot \Omega\,dt$　　(d) $\dfrac{Mgl}{I\omega}$

●次なるステップ ── むすびにかえて

　我々の力学「ハイキング」は，これでひとまず終了である。「ハイキング」ではあったが，それは本格登山の準備も兼ねている。終着点までたどりついた諸君は，高校物理の「峰」よりもさらに見晴らしのよい「展望台」まで来たことを実感されるのではないだろうか。

　ところで，力学登山道は，ここから大きく2つに分かれる。1つは，剛体の力学のところでふれたように，弾性体や流体へと進む道である。機械，土木，建築など工学方面に進む人にとって，**弾性体の力学**は避けて通れない道である。また，できるだけ空気抵抗の少ない車体のデザインをしようと思えば，**流体力学**の知識が必要である。現実社会の中に存在する力学は，質点や剛体の力学ほど単純ではない。それゆえ，理論よりも経験や現場のじっさいが重んじられることが多いのだが，弾性体や流体のしっかりとした知識をもつことは，そうした仕事の現場でも大いに役立つことであろう。

　もう1つの道は，力学をもっと一般的な原理から説明しようとする道である。この道は，**「解析力学」**と呼ばれる。この，名前からして難しそうな力学は，非常に数学的で，素人にとっては何か形而上学的雰囲気を感じさせるものであるが，じつは力学の問題を簡単に解こうという手段なのである。

　我々は，今回の「ハイキング」で，さまざまなベクトルを扱ってきた。それゆえいえることであるが，ベクトルは面倒くさいということである。それに対して，スカラー量(要するにふつうの数)である仕事やエネルギーは，たんなる足し算・引き算で話ができるので扱いやすい。力学的エネルギー保存則などは，その典型であろう。「解析力学」は，より一般的なエネルギーの原理である。本質的には，ニュートンの力学を超えるものではないにもかかわらず，何か手品のような手法で簡単に答えが見つかるのである。

　しかし，解析力学を学ぶ意味は，たんなる問題の解法にとどまらない。歴史というのは不思議なものである。19世紀に精緻な体系としてでき

上がった解析力学は，じつは20世紀の量子力学の準備でもあったのである。量子力学の数学的手法の基本は，解析力学に負うものである。

というわけで，理学部の物理を学ぼうという意欲をもっている諸君にとっては，このあとぜひ解析力学の登山道を踏破して頂きたい。

それでは，よい力学「登山」を！

APPENDIX 付録
やさしい数学の手引き

　大学の物理の勉強には，微積分やベクトル，あるいは自然対数の底である e の知識が欠かせない。それらを苦手とする諸君のために，できるだけやさしい数学の知識を伝授する(ただし，ベクトルについては，本文の中で解説した)。

● 微分

微分とは何か

　微分とは，文字通り，小さな部分という意味である。物理で微分を利用するときには，それ以上の深い意味は何もない。難しく考えないことである。

　たとえば，次の算数を考えてみよう。

$$(100+0.1)^2$$

これを，$(a+b)^2 = a^2 + 2ab + b^2$ の公式にあてはめて，展開してみる。

$$(100+0.1)^2 = 100^2 + 2 \times 100 \times 0.1 + 0.1^2$$
$$= 10000 + 20 + 0.01$$
$$= 10020.01$$

1万円に対して20円は小さな金額である。しかし，スーパーで買い物をするとき，この20円を無視することはできない。ところが，0.01円(すなわち1銭)ということになると，これは無視せざるをえないだろう。そこで，0.1^2 の項は無視することにすると，

$$(100+0.1)^2 \fallingdotseq 100^2 + 2 \times 100 \times 0.1 = 10020$$

($\fallingdotseq$ は，だいたい等しいという意味の記号。物理ではよく使う)

となる。こういう無視の仕方をしよう，というのが微分の考え方なのである。つまり，小さい部分を無視するわけではないが，(小さい×小さい)部分，すなわち (小さい部分)^2 は無視しましょう，という考え方である。

　もちろん，数学は厳密な学問だから，本来あるべきものを無視しましょう，などとはやらない。そこで，そうするために，小さい部分というのを，0.1 ではなしに，0.000…という具合に「極限的」に小さくするのである。まあ，一種の「ごまかし」であるといえばいえるのだが……。

　そこで，上の具体的な計算を念頭において，100 の代わりに t，0.1 の代わりに Δt という文字を使ってみよう。(Δ という記号に拒否反応を示す人がいるかもしれないが，それをいっちゃあおしまいである。Δ とは小さいという記号だと慣れてしまうことである。)すると，

$$(t+\Delta t)^2 = t^2 + 2t\Delta t + (\Delta t)^2 \fallingdotseq t^2 + 2t\Delta t$$

となる。

　ここで，いつまでも，≒(だいたい等しい) などという記号を使うのも落ち着かないから，思い切って，

$$(t+\Delta t)^2 = t^2 + 2t\Delta t$$

としてしまう。しかし，数学的厳密性を気にする人は，これでは「うそ」をついているという良心の呵責(かしゃく)から逃れられないだろうから，上で小声でいったように極限的という「ごまかし」をする。そのために，Δt を dt という記号に変えてしまうのである。dt とは，Δt を極限的に小さくしたものだ，ということである。

　しかし，我々の目的は数学ではない。だから，Δ か d かということに目くじらを立てる必要はないのである。微分は道具だと割り切るなら，Δt も dt も同じものだとみなせばよいのである。dt を微分記号だと考えるから，難しく感じるのである。dt は，ただの数である。もし，t が 100 なら，dt は 0.1，あるいは 0.01 といった小さな数だ，ただそれだけである，と思えばよいのである。

　以上から，

$$(t+dt)^2 = t^2 + 2t\,dt$$

の式の意味は，$(100+0.1)^2$ と同じであるということが納得してもらえるであろう。

さて，$x=t^2$ という式があるとしよう。具体的にイメージするために，これは物体の位置 x が，時間 t とともに変わる式だとみなそう。

ある時刻 t に物体は x という位置にいるとする。ここから，短い時間 dt がたつと，物体の位置も少しだけ（dx だけ）変わる。つまり，$x+dx$ の地点にくる。

つまり，時刻 $t+dt$ には，物体は $x+dx$ の位置にいるのだから，$x=t^2$ という関係がいつも成り立っているとすれば，とうぜん，

$$(x+dx) = (t+dt)^2$$

である。

よく分からないという人のために。ちょっとだけたった時刻 $t+dt$ を，t' と書き換え，ちょっとだけ動いた位置 $x+dx$ を x' と書き換えれば，時刻 t' に物体は x' の位置にいる。$x=t^2$ がいつでも成り立っているということは，$x'=t'^2$ でもあるということである。よって，$(x+dx)=(t+dt)^2$。

さて，右辺の $(t+dt)^2$ に，前述の $(dt)\times(dt)$，すなわち（小さい×小さい）は無視，を適用する。すると，

$$x+dx = t^2 + 2t\,dt$$

ここで，$x=t^2$ だから，左辺の x と右辺の t^2 は消せるから，

$$dx = 2t\,dt$$

となる。あるいは，dt を左辺の分母にもっていって，

$$\frac{dx}{dt} = 2t$$

これが，「$x=t^2$ を微分すると $2t$ となる」ということの意味である（正確には，「$x=t^2$ の微分係数は $2t$ である」）。dx/dt を微分記号だと思うから，難しいのである。dx/dt はただの分数である。上の2つの表現は，

$$3 = 2\times 1.5$$

と表現するか，

$$\frac{3}{2} = 1.5$$

と表現するかの違いとまったく同じなのである。

積の公式

微分の積の公式というものがある。v と w という2つの物理量が、ともに時間 t で表せるとしよう。すると、$v \times w$ の (t に関する) 微分はどうなるかというものである。微分記号を簡単に、「´」で表すことにすると (こういう表現にも慣れておこう)、

$$(v \times w)' = v' \times w + v \times w'$$

というのが公式である。覚えやすい形だから、丸暗記しておいてよいのだが、なぜそんなことになるかといえば、Δ の記号を使って、v が $v + \Delta v$、w が $w + \Delta w$ に、少しだけ変化したとしよう。このとき、

$$(v + \Delta v) \times (w + \Delta w) = vw + \Delta v \times w + v \times \Delta w + \Delta v \Delta w$$

である。ここで、$\Delta v \Delta w$ という (小さい×小さい) を無視するのである。そうすると、

$$(v + \Delta v) \times (w + \Delta w) = vw + \Delta v \times w + v \times \Delta w$$

となって、$v \times w$ の変化分は、

$$\Delta v \times w + v \times \Delta w$$

であることが分かるであろう。Δ で書いたが、これは d に変えてよいから、

$$\mathrm{d}(v \times w) = \mathrm{d}v \times w + v \times \mathrm{d}w$$

となるわけである。これを短い時間 dt で割れば、公式となる。

知っておくべき微分係数

次に、大学初年級の物理で、ぜひ知っておかなければならない微分 (正確には微分係数) を挙げておこう (変数はすべて t としておく)。

(1) $t^n \to nt^{n-1}$

n は整数でなくてもよい。だから、たとえば、

$$\sqrt{t} \to \frac{1}{2} \cdot \frac{1}{\sqrt{t}}$$

付録 ● やさしい数学の手引き

などとなる。

(2) 三角関数の微分

$$\sin t \to \cos t$$

$$\cos t \to -\sin t$$

よく出てくる形として，t の前に定数 ω がついていれば，

$$\sin \omega t \to \omega \cos \omega t$$

$$\cos \omega t \to -\omega \sin \omega t$$

(3) 指数関数の微分（自然対数の底 e については，あとで説明する）

$$e^t \to e^t$$

微分したものが，もとと同じというのが e の最大の特徴である。
よく出てくる形として，i を虚数単位，ω を定数として，

$$e^{-i\omega t} \to -i\omega e^{-i\omega t}$$

微分の図形的イメージ

最後に，微分の図形的なイメージを捉えておこう。

図A-1 ● 微分 dx/dt はグラフの傾きである。極限にもっていけば，曲線もまた直線になる。

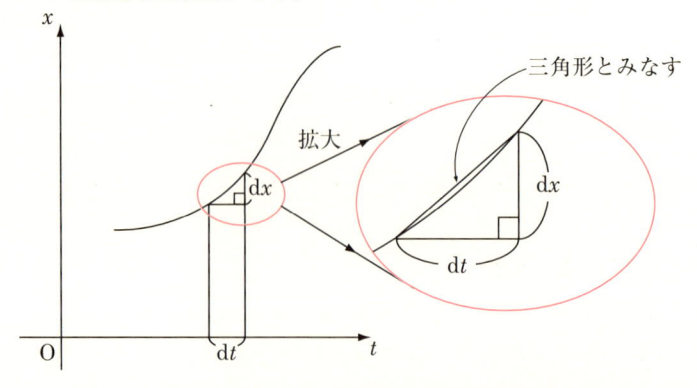

位置 x が時間 t とともにどのように変わるかをグラフに描く。このグラフは，一般的にいって直線とはかぎらず，ある曲線になるだろう。このグラフ上で，図のように短い時間 dt をとり，それに対応する短い距

離 dx をとる。このとき，dx/dt はグラフの傾きになる。厳密に見ると，グラフは曲線だからこの部分は三角形にならないが，これを三角形とみなしてしまおうというのが，微分の考え方である。

つまり，微分を図形的にいえば，小さい部分ではどんな曲線も直線に置き換えることができる。そして，その直線とみなした小さい部分の傾きを微分(微分係数)というのである。

●積分

本書の範囲内では，積分は微分の反対という知識で十分である。

たとえば，加速度 a は速度 v を時間 t で微分したもの

$$\frac{dv}{dt} = a$$

であるが，これを分数ではない形に書けば，

$$dv = a\,dt$$

この小さな変化を，ずーっと(小さくない時間で)足し算しよう，というのが積分である。この足し算を記号 $\int$ で表す。すると，

$$\int dv = \int a\,dt$$

と書ける。これは，あくまで積分の書き方の約束にすぎない。じっさいに，このときの v を求めるには，時間 t で微分すると a となるのは何か，と微分の逆を考えなければならない。その分だけ，積分は微分より難しいわけである。

じっさいの計算や積分定数が出てくる理由などは，講義2で見た等加速度運動の公式を求める演習問題2-1の解説，および講義4の解説を参考にしてほしい。

●円とラジアン

1周360°というふつうの角度から，ラジアンという角度に変わると，なぜか拒否反応を示す人が多いようである。しかし，ラジアンはふつうの「°」よりも，ずっと使いやすいのである。

図A-2● 半径1の円周の長さは2π。 **図A-3**● 円弧の長さ l と中心角 θ ラジアンは同じ値となる。

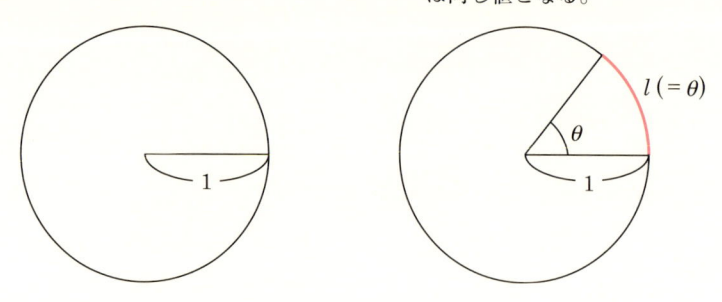

半径 r の円周の長さは $2\pi r$ である。そこで，半径1の円を考えると，いうまでもなく，その円周の長さは 2π である。だから，1周の角を (360 ではなく) 2π としておくと，円周の長さと角が一致する！ ラジアンは，このように中心角と円周の長さが同じになるように決められた角である。

だから，半径1の円なら，中心角が θ のとき，その円弧の長さは θ。半径が r なら，円弧の長さは $r\theta$ としておけばよい。

図A-4● 半径 r の円なら，$l=r\theta$。

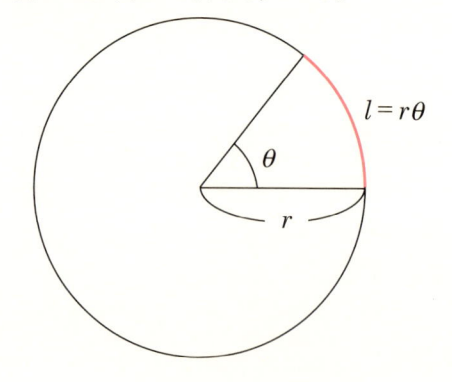

円弧の長さ $l=r\theta$

この関係は，円運動のみならず，座標や物体の回転の話の基本となる考え方である。たとえば，角速度 ω の円運動を考えると，短い時間 dt に回転する角は ωdt ラジアンであるが，このとき動く円弧の短い長さ dl は，

図A-5●$dl = r\omega\, dt$ より，速度 $v = r\omega$ が導かれる。

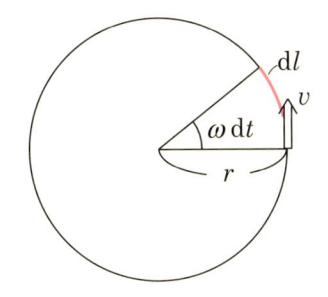

$$dl = r\omega\, dt$$

だから，速さ v は，

$$v = \frac{dl}{dt} = r\omega$$

といった具合である。

● e という不思議な数

e は，π と並んで物理にはしばしば登場する「人気者」である（π と同じく，分数や小数で書ききれない無理数である）。この e がもたらす数の世界は，じつに面白く奥深く，数学は物理のたんなる道具といってはみても，この魅力的な数の虜にならない人はいないであろう。

ここでは結果のみを記すが，興味ある人は大学初年級の数学のテキストをぜひ読んでほしい。

e の定義と，その値は，

$$e = \lim_{n \to \infty}\left(1 + \frac{1}{n}\right)^n = 2.718\cdots$$

であるが，このような定義と数値は，e の世界の出発点にしかすぎない。e は，正確には自然対数の底と呼ばれるが，対数や指数の知識もここでは省略する。

微分の項にも書いたように，e のもっとも便利な性質は，微分してももとのままというものである。

$$\frac{de^t}{dt} = e^t$$

次に，$e^{i\theta}$ の図形的理解をしておこう (これが，物理ではもっともよく利用される e の性質である)。

図A-6 複素数 $a+ib$ は，図の1点で表せる。

図A-7 $a+ib$ は1つのベクトルとしても表せる。

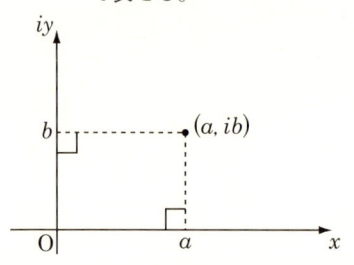

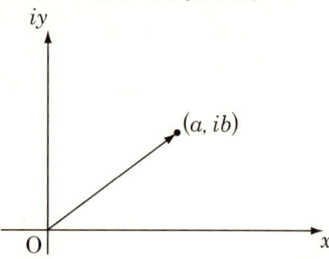

図のように，横軸を実数 x，縦軸を虚数 iy とする座標軸をとる。こうしておくと，任意の複素数 (実数，虚数を含めた数) は，この座標系の1点に対応させることができる。つまり，

$$a+ib$$

という複素数は，座標 (a, b) の1点として表せるわけである。座標 (a, b) は1つのベクトルとして表すこともできるから，複素数はベクトルとみなすこともできる。

図A-8 $e^{i\theta}$ は長さ1のベクトルである。

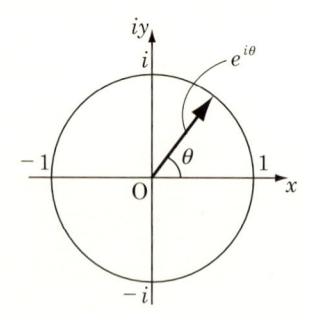

さて，原点 O を始点とする長さ1のベクトルを考え，このベクトルを x 軸から測った角度 θ で表そう。長さ1が決まっているから，このベクトルは θ の値に応じて，半径1の円周上に載ることになる。

じつは，このベクトル (複素数) が $e^{i\theta}$ なのである (何で？ と思われるであろう。ぜひ，数学のテキストを見て頂きたい)。

図A-9 図より $e^{i\theta} = \cos\theta + i\sin\theta$。

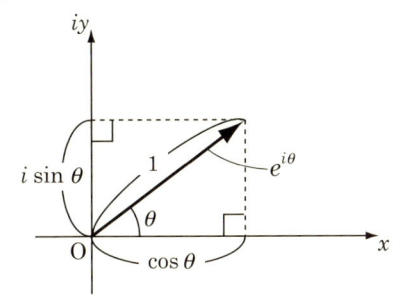

ところで，この $e^{i\theta}$ というベクトルの x 成分と y 成分を見てみよう。すると簡単に分かるように，x 成分は $\cos\theta$ であり，y 成分は $i\sin\theta$ である。それゆえ，

$$e^{i\theta} = \cos\theta + i\sin\theta$$

となる。こうして，$e^{i\theta}$ は三角関数と結びついてくるのである。

講義8に述べたように，単振動を sin や cos で表すよりも，e で表す方が，何かと問題を解きやすい。それゆえ，大学の物理では単振動，波動などの現象は，すべて e を使って表すのである。

これも講義8に述べたことであるが，指数部が虚数の $e^{i\omega t}$ は単振動するが，指数部が（負の）実数 $e^{-\lambda t}$ となると，急激な減衰を表す。三角関数でこのような減衰を表現することはできないから，e を用いて単振動なり波動を表現することは，何重の意味においても便利なのである。

この他に，物理に必要な数学の大きな分野としてベクトルの諸定理があるが，これについては基本的な事柄（ベクトルのスカラー積とベクトル積）は，本文の中で説明をした（たとえば，講義5や講義10）。

もちろん，物理の勉強が進むにつれて，まだまだいろいろな数学が登場する。たとえば，行列と行列式，偏微分，偏微分方程式，テンソル，フーリエ解析，etc. etc.⋯。それらは面倒で難解な数学なのではなく，物理をより面白く理解するための手段なのである。一歩一歩，楽しみながら登られることをおすすめする。

著者紹介

橋元　淳一郎(はしもと　じゅんいちろう)

　1971年　京都大学理学部物理学科修士課程修了
　現　在　相愛大学名誉教授

NDC423　189p　21cm

単位が取れるシリーズ
単位が取れる力学ノート

2002年6月20日　第 1 刷発行
2021年7月12日　第21刷発行

著　者	橋元　淳一郎(はしもと　じゅんいちろう)	
発行者	髙橋明男	
発行所	株式会社　講談社	
	〒112-8001　東京都文京区音羽2-12-21	
	販　売　(03)5395-4415	
	業　務　(03)5395-3615	
編　集	株式会社　講談社サイエンティフィク	
	代表　堀越俊一	
	〒162-0825　東京都新宿区神楽坂2-14　ノービィビル	
	編　集　(03)3235-3701	
印刷所	株式会社双文社印刷・半七写真印刷工業株式会社	
製本所	株式会社国宝社	

落丁本・乱丁本は，購入書店名を明記のうえ，講談社業務宛にお送りください。送料小社負担にてお取り替えします。
なお，この本の内容についてのお問い合わせは講談社サイエンティフィク宛にお願いいたします。
定価はカバーに表示してあります。
©Junichiro Hashimoto, 2002
本書のコピー，スキャン，デジタル化等の無断複製は著作権法上での例外を除き禁じられています。本書を代行業者等の第三者に依頼してスキャンやデジタル化することはたとえ個人や家庭内の利用でも著作権法違反です。

[JCOPY] <(社)出版者著作権管理機構　委託出版物>
複写される場合は，その都度事前に(社)出版者著作権管理機構(電話 03-5244-5088，FAX 03-5244-5089，e-mail : info@jcopy.or.jp)の許諾を得てください。

Printed in Japan
ISBN4-06-154451-9

講談社の自然科学書

単位が取れるシリーズ

単位が取れる電磁気学ノート	橋元淳一郎／著	定価 2,860 円
単位が取れる熱力学ノート	橋元淳一郎／著	定価 2,640 円
単位が取れる量子力学ノート	橋元淳一郎／著	定価 3,080 円
単位が取れる解析力学ノート	橋元淳一郎／著	定価 2,640 円

講談社基礎物理学シリーズ　シリーズ編集委員／二宮正夫・北原和夫・並木雅俊・杉山忠男

0. 大学生のための物理入門	並木雅俊／著	定価 2,750 円
1. 力学	副島雄児・杉山忠男／著	定価 2,750 円
2. 振動・波動	長谷川修司／著	定価 2,860 円
3. 熱力学	菊川芳夫／著	定価 2,750 円
4. 電磁気学	横山順一／著	定価 3,080 円
5. 解析力学	伊藤克司／著	定価 2,750 円
6. 量子力学 I	原田勲・杉山忠男／著	定価 2,750 円
7. 量子力学 II	二宮正夫・杉野文彦・杉山忠男／著	定価 3,080 円
8. 統計力学	北原和夫・杉山忠男／著	定価 3,080 円
9. 相対性理論	杉山直／著	定価 2,970 円
10. 物理のための数学入門	二宮正夫・並木雅俊・杉山忠男／著	定価 3,080 円

ライブ講義　大学1年生のための数学入門	奈佐原顕郎／著	定価 3,190 円
ライブ講義　大学生のための応用数学入門	奈佐原顕郎／著	定価 3,190 円
これならわかる機械学習入門	富谷昭夫／著	定価 2,640 円
ディープラーニングと物理学　原理がわかる、応用ができる	田中章詞・富谷昭夫・橋本幸士／著	定価 3,520 円
量子力学 I	猪木慶治・川合光／著	定価 5,126 円
量子力学 II	猪木慶治・川合光／著	定価 5,126 円
基礎量子力学	猪木慶治・川合光／著	定価 3,850 円
新装版　統計力学入門　愚問からのアプローチ	高橋康／著　柏太郎／解説	定価 3,520 円
古典場から量子場への道　増補第2版	高橋康・表實／著	定価 3,520 円
量子力学を学ぶための解析力学入門　増補第2版	高橋康／著	定価 2,420 円
量子場を学ぶための場の解析力学入門　増補第2版	高橋康・柏太郎／著	定価 2,970 円
共形場理論入門　基礎からホログラフィへの道	疋田泰章／著	定価 4,400 円
マーティン／ショー　素粒子物理学　原著第4版	駒宮幸男・川越清以／監訳	定価 13,200 円

※表示価格には消費税（10％）が加算されています。　　「2021年7月現在」

講談社サイエンティフィク　https://www.kspub.co.jp/